한국 조경 50년을 읽는
열다섯 가지 시선

한국 조경 50년을 읽는
열다섯 가지 시선

초판 1쇄 펴낸날 2022년 9월 1일

엮은이 한국조경학회 한국조경50 편집위원회
편집고문 조경진 | 편집위원장 배정한
편집위원 김아연·남기준·박희성 | 편집간사 임한솔
지은이 고정희 김아연 김연금 김영민 김정은 김한배
남기준 박승진 박희성 배정한 서영애 이명준
이유직 임한솔 조경진 최영준 최정민

펴낸곳 도서출판 한숲
펴낸이 박명권
출판등록 2013년 11월 5일 제2014-000232호
주소 서울특별시 서초구 방배로 143 2층
전화 02-521-4626 | **팩스** 02-521-4627 | **전자우편** klam@chol.com
편집 남기준 김모아 김민주 | **디자인** 팽선민
출력·인쇄 한결그래픽스

ISBN 979-11-87511-36-6 93520

값 20,000원

한국 조경 50년을 읽는
열다섯 가지 시선

한국조경50 편집위원회 엮음

고정희 김아연 김연금 김영민 김정은
김한배 남기준 박승진 박희성 배정한
서영애 이명준 이유직 임한솔 조경진
최영준 최정민 지음

한숲

책을 펴내며

2022년 12월 29일, 한국조경학회가 설립 50주년을 맞는다. 학회 출범과 함께 조경 실무 분야도 시작되었으니 한국 조경은 이제 반세기의 역사를 가진 셈이다. 일찍이 삼국시대부터 정원 문화가 존재했고, 일제강점기와 해방 이후에도 조원이라는 이름으로 조경 실천 행위가 이어졌다. 그러나 한국에서 현대적 의미의 조경은 오랜 전통과는 소원한 관계를 맺으며 태동했다. 잘 알려진 바와 같이 1970년대의 국토개발 과정에서 새로운 전문 분야의 필요성을 절감한 대통령과 청와대 비서실의 주도로 한국 조경이 제도화되었다. 이 과정에 대한 평가는 여러 가지로 갈리겠지만, 한국 조경의 태동이 사회·경제적 변화와 궤를 이루는 공공 리더십의 산물이었다는 점만큼은 분명하다. 한국 조경이 설립되던 당시 참조한 모델은 공원과 녹지 체계 등 공공 부문을 중심으로 19세기 서구에서 태동한 근대 조경이었다. 근대 조경은 사유지 위주로 전개된 전근대 정원 유산을 계승하기보다 도시와 공공의 가치를 중시했으며, 이러한 경향은 한국 조경의 현실에 여전히 영향을 미치고 있다.

지난 50년간 한국 조경의 성취는 괄목할 만하다. 조경은 건축, 도시계획, 도시설계와 함께 환경설계 전문 분야 중 하나로 자리매김했으며, 공공의 행복과 공간 복지를 위해 아름답고 건강한 환경을 조성하는 데 크게 기여했다. 조경가가 설계한 공공과 민간 영역의 장소들은 도시와 지역을 대표하는 여가와 휴식 공간이 되었다. 이 책에 싣는 '한국 현대 조경 50'선은 그중에서도 가장 수준 높은 조경 작품을 선별한 것이다. 작품의 면면을 보면 지난 50년의 성취를 통해 조경에 대한 대중의 인식이 높아졌음을 어렵지 않게 실감할 수 있다.

물론 앞으로 개선해나갈 과제도 적지 않다. 양적 성장이 반드시 질적 향상을 의미하지는 않는다. 세계에서 손꼽는 인구 대비 조경학과 졸업생 수에도 불구하고 대학의 조경 교육이 전문가로서 필요한 소양을 기르는 데 소홀하다는 조경 산업계의 문제 제기가 계속되었다. 난맥은 실무 현장으로도 이어졌다. 장소의 여건과 맥락을 섬세히 살피기보다 시설물 배치에 집중하는 설계가 반복되곤 했다. 식물·생태에 관한 조경 분야의 전문성이 최근 부상하는 정원 문화와 산업을 이끌어가고 있다고 보기는 어렵다. 사회상과 긴밀한 관계를 맺어온 조경이 현재 어떠한 양상을 드러내고 있는지, 진지한 검토와 반성이 요구되는 시점이다.

다음 50년을 내다보며 무엇을 준비해야 할까. 가장 중요한 화두는 기후변화가 아닐 수 없다. 기후변화에 대응하는 회복탄력적 계획·설계 방법을 연구하고 실천해야 할 것이다. 팬데믹 이후 사회적 관심이 집중되고 있는 건강한 환경에 대한 실천적 해법을 조경계획과 설계를 통해 구체화해야 할 것이다. 조경이 주도하는 도시 만들기의 성과를 알리고 그 잠재력을 실현하는 노력도 필요하다. 미래 변화에 적극 대응하는 체질 변화를 위해서는 조경 교육과 산업의 긴밀한 협력, 조경가의 기본 역량 강화가 우선이다. 이를 위해 해외에서는 이미 보편화된 조경교육인증제 도입을 검토할 필요가 있다. 현장의 환경과 생태에 기반을 둔 교육과 연구를 강화해 조경 고유의 경쟁력을 길러야 한다. 미래 사회와 도시가 요청하는 의제를 발굴해 조경의 혁신을 도모해야 할 것이다.

한국조경학회는 학회 창립 50주년을 맞아 시난 2년간 이 책의 발간을 준비했다. 한국 조경 50년을 대표하는 작품을 선정하고, 다양한 관점과 주제로 한국 현대 조경의 성과를 되짚었다. 옥고를 보내주신 필자들에게 감사드린다. 긴 시간 책을 기획하고 편집하는 수고를 마다하지 않은 배정한 교수와 편집위원들에게도 깊은 감사의 마음을 전한다. 이 책이 한국 조경의 지형을 이해하고 재평가하는 계기는 물론 미래의 변화를 이끄는 촉매가 되기를 바란다.

2022년 8월

조경진

한국조경학회 회장

차례

2부

3부

프롤로그_
50×15, 한국 조경을 읽다

배정한

1972년 한국조경학회 창립을 기점으로 잡는다면, 한국 현대 조경은 이제 50년의 역사를 넘어서고 있다. 이 책은 역동하는 한국 현대사의 흐름 속에서 도시와 경관, 지역과 환경, 삶과 문화의 틀과 꼴을 직조해온 조경 50년사의 주요 담론과 작품을 '기록'하고 '해석'한다.

1970년대 초반의 한국 조경은 박정희 대통령이 주도한 경제성장과 국토개발 정책의 산물이었다. 급속한 산업화, 경부고속도로 건설, 대규모 관광지 개발은 국토 환경의 훼손을 수반했고, 개발의 환부를 치유하는 방편으로 서구의 전문 직능이자 학문 분과인 랜드스케이프 아키텍처landscape architecture가 수입된 것이다. 초창기 조경을 요약하는 단어가 도입과 정착이라면, 1980년대의 키워드는 성장이다. 아시안게임과 올림픽을 개최하면서 조경에 대한 사회적 수요가 급증했다. 과천 신도시 개발과 수도권 1기 신도시 계획은 조경 물량의 양적 증가는 물론 조경설계의 질적 발전을 이끄는 토대가 되었다. 서른 개 이상의 대학과 대

학원에 설치된 조경학과를 통해 전문 인력이 양산되었고 조경학 연구도
자리를 잡았다. 1990년대를 대변하는 요약어는 발전과 다양화다. 정치
와 경제, 사회와 문화 모든 면에서 큰 변동을 겪은 1990년대를 거치며
조경은 분야 발전의 자양분을 얻었지만, 태동기부터 잠재된 정체성의
위기를 맞기도 했다. 조경설계사무소의 수가 급증했고 조경가의 사회적
위상이 자리를 잡아가기 시작했다. 건설사들이 아파트 외부 공간에 주
목하면서 조경설계 시장은 양적 성장을 거듭했고, 환경의 질에 대한 인
식이 깊어지면서 자연형 하천과 환경 복원 등 친환경 사업의 비중도 커
져 갔다. 경주와 무주에서 열린 1992년 세계조경가협회IFLA 총회는 한
국 조경의 시야를 넓히는 계기가 되었다.[1]

새로운 세기의 궤도 속으로 진입하며 조경은 다각도의 변화와 변신
을 모색한다. 환경 문제에 대한 조경의 대응은 이념과 이론의 차원을 넘
어 구체적인 설계 해법과 테크놀로지 적용의 차원으로 이행했다. 공간
과 형태 중심에서 시간과 과정을 존중하는 쪽으로 설계의 패러다임이
전환되었다. 조경과 건축의 경계가 흐릿해졌고, 도시의 사이 공간과 경
관 인프라가 조경설계의 대상으로 부상했다. 랜드스케이프 어바니즘,
곧 '도시를 만드는 조경'이 이론과 실천의 초점으로 부각되기도 했다. 특
히 21세기 초반의 한국 조경은 선유도공원, 청계천, 서울숲 등 다수의
수작을 생산하며 사회적 조명을 받았다. 조경은 환경 시대의 만개, 정보
화와 세계화의 가속, 월드컵 개최, 조경 관련 정치 공약과 정책 등 외적
요인에 힘입어 낭만적 풍경을 그려갔다. 조경은 곧 건물 주변의 식재라
는 공식은 더 이상 유효하지 않았다. 청계천, 행정중심복합도시, 한강르
네상스 등 대형 프로젝트는 조경의 손길로 국토 환경을 돌보고 도시 공

간의 큰 틀을 짜는 시대가 도래했음을 입증했다. '조경의 시대'라는 평가가 결코 자화자찬이 아닌 시기였다. "그러나 희망적인 풍경의 이면에는 정체성의 위기, 이론(교육)과 실천(현장)의 단절, 수요와 공급의 부조화, 설계 문화와 윤리의 미성숙, 법적·제도적 장치의 미비 등과 같은 만만치 않은 난맥이 자리하고 있는 것도 사실"[2]이었다.

2010년대의 한국 조경은 새로운 도전과 진화를 경험한다. 근현대사의 질곡을 겪은 금단의 땅 용산 미군기지를 공원화하는 장기 계획 과정을 조경가들이 이끌었다. 용산기지 공원화 구상, 용산공원 종합기본계획, 용산공원 기본설계 및 조성계획으로 이어진 일련의 현재진행형 프로젝트를 통해 한국 조경은 도시와 대형 공원을 긴밀하게 접속시키고 있다. 이 시기의 특징 중 하나는 정부와 지자체, 공공 기관이 발주하는 사업에 주로 의존해온 제도권 조경이 다양한 민간 프로젝트로 무대를 확장했다는 점이다. 공공 공간의 설계와 조성, 운영과 관리에 시민이 직접 참여하는 시도가 활발하게 전개되면서 도시 공간 거버넌스의 새 장이 열리기도 했다. 1980년대생 젊은 조경가 세대가 설계 실천을 이끌며 부상한 점도 주목할 만하다. 한국 조경의 제3세대라 할 수 있는 그들은 종래의 거대 담론과 관행적 설계 문법을 뛰어넘어 장소 특정성, 재료의 물성, 디테일 구현 등에 집중하면서 조경 작업의 수월성을 끌어올리고 있다. 순천만국제정원박람회를 기점으로 정원 정책과 산업이 성장하고 대중적 정원 문화 열풍이 몰려온 점도 빼놓을 수 없다. 반면 한국 조경의 오랜 난맥인 정체성의 혼란은 이 시기에도 크게 다르지 않았다. "길지 않은 역사 속에서 제도권 조경은 진화와 성장을 거듭해 왔다. 그러나 모호한 정체성은 변함없는 조경의 굴레였다. 그것은 영역의 위기라는 이름으로 반복되었다. 위기는 정부의 강력한 주도로 조경이 반강제적으로 활착되던 1970년대에도, 올림픽 특수와 신도시 건설 붐에 동승해 조경이 몸집을 불리던 1980~90년대에도, 1990년대 후반과 2000년대의 이른바 '조경의 시대'에도, 시민의 조경 '문화'가 성숙해지고 있는 최근에도 어김없이 반복되고 있다."[3]

2022년의 한국 조경은 기후 위기, 팬데믹, 인구 감소, 도시 쇠퇴, 디지털 전환이 초래하는 급격한 변화의 소용돌이 안에 들어와 있다. 한국조경학회는 조경의 '다음 50년'을 전망하며 '한국조경헌장' 개정 작업을 진행하고 있다. 헌장 마지막 부분에는 다음의 여섯 가지 과제가 제시될 예정이다.[4] "1.지구 전역의 기후 변화에 대응하는 계획·설계 해법을 마련하고, 탄소 중립에 기여하는 실천적 자연기반해법을 제시한다. 2.포스트-팬데믹 도시와 사회에 대처하는 건강한 도시 환경을 조성하고, 지속 가능한 환경 정의와 공간 복지를 실천한다. 3.공원 네트워크와 그린 인프라 체계를 구축하여 도시 환경과 경관의 회복탄력성을 강화한다. 4.도시의 사회적 인프라로 작동하는 공공 공간을 형성하고, 시민 참여와 커뮤니티 협력 문화를 실천한다. 5.도시와 경관의 고유성과 지역성을 발굴하고, 문화적 다양성과 창의적 실험성을 존중한다. 6.아름답고 안전하며 민주적인 장소를 만드는 조경의 전문성과 조경가의 직업윤리를 재정립하여 질 높은 조경 서비스를 제공한다."

이 책은 한국 조경의 다음 50년을 준비하는 발판이다. 미래를 전망하고 예비하기 위해서는 과거와 현재의 성과와 한계를 다각도로 되짚고 다시 촘촘히 읽어내는 작업이 선행되어야 한다. 이 지점에 한국 조경 50년사의 주요 담론과 작품을 '기록'하고 '해석'하고자 하는 이 책의 의도

가 자리한다. 열다섯 가지 시선으로 한국 조경의 50년을 읽는 이 책은
중성적 아카이브나 백서보다는 해석적 비평서에 가깝다.[5]

50×

한국 조경이 그려온 지형의 주요 지점을 '기록'하기 위해 이 책의 편집위
원회는 한국조경학회, 월간 『환경과조경』, 한국조경설계업협의회와 함
께 지난 50년의 성과를 대표하는 작품을 선정했다. 2021년 4월 19일부
터 5월 21일까지 한국조경학회 회원, 한국조경설계업협의회 회원, 조경
설계 전문가를 대상으로 설문조사를 진행했고, 303명의 전문가가 참
여했다. 설문조사 후보작 목록은 『환경과조경』 통권 201호 기념 설문
조사 '한국 현대 조경 대표작 50'(2005년)과 창간 30주년 기념 설문조사
'조경가들이 뽑은 시대별 작품 베스트'(2012년)의 결과, 역대 IFLA세계조
경가협회 어워드 수상작과 ASLA미국 조경가협회 어워드 수상작, 『환경
과조경』 편집위원회와 이 책 편집위원회의 추천을 바탕으로 작성했다.

　이 책의 3부에 설문조사 결과를 통해 선정한 '한국 현대 조경 50' 작
품의 정보를 간략히 정리해 싣는다.[6] 3부는 한국 조경 50년이 그려온
지형, 즉 주요 작품을 '기록'하는 데 방점을 둔 기획인 셈이다. 지난 50
년의 작품 경향과 시대상이 담긴 대표작 50선에서 한국 조경의 과거와
현재를 짚어보고 미래를 가늠해볼 수 있기를 기대한다.

×15

책의 1부와 2부는 한국 조경 50년의 지형과 풍경에 대한 '해석'이자 열
다섯 가지 시선의 비평이다. 이명준, 최영준, 임한솔, 고정희, 최정민, 박

14

희성의 글 여섯 편으로 구성한 1부는 50년을 가로지르는 주요 흐름과 이슈를 조감의 형식으로 해석한다.

이론과 미학 조경은 인간의 솜씨로 경관의 아름다움을 빚어내는 디자인 행위다. 1970년대 정부와 공공이 주도하는 국토개발로 시작된 한국 조경은 파리공원을 비롯한 몇몇 실험작을 낳기도 했지만 옴스테드식의 목가적 풍경을 복제하거나 과잉 의미와 상징을 장소에 투사하는 프로젝트를 양산한 경우가 많았다. 이명준 글 "키워드로 읽는 한국 조경설계와 이론"은 21세기로의 전환기를 겪으며 일군의 조경가들이 그러한 난맥을 돌파하면서 새로운 아름다움을 직조하기 시작한 양상에 주목하며, 한국 조경설계의 변화를 이론과 미학의 시선으로 검토한다. 그들이 디자인한 미의 차원과 기능은 무엇이며 그것은 어떤 방식으로 직조되었는가. 이명준은 숭고의 미학, 랜드스케이프 어바니즘, 지속가능한 아름다움, 회복탄력적 디자인, 테크놀로지 등의 키워드를 중심으로 새로운 아름다움을 찾아 나선 조경가들의 디자인 전략과 작품을 추적하면서 이론 없는 척박한 토양에 일군 조경가들의 성과를 포착한다.

설계공모 한국 조경 50년 발전사에서 설계공모가 중요한 변곡점이 된 경우가 많다. 조경가가 참여한 본격적인 의미의 첫 공모전은 1996년 여의도광장 공원화 설계공모라고 볼 수 있다. 그 이후 설계공모는 진화를 거듭하며 한국 조경의 양적 성장과 질적 성숙을 이끌었다. 최영준의 글 "설계공모의 진화와 조경의 성장"은 설계공모의 형식과 방식이 발전해온 양상을 되돌아보며 파급력이 컸던 몇 가지 공모전의 사정을 되짚는다. 최영준은 여의도광장 공원화부터 2003년 서울숲 설계공모까지를 '초기' 단계로 본다. 한국 조경의 지평을 넓힌 설계공모의 '융성기'

에는 2기 신도시의 대형 공원과 녹지 시스템 공모들, 행정중심복합도시 중앙녹지공간 국제 설계공모와 세종시 관련 다양한 공모, 한강르네상스 사업의 여러 설계공모가 진행됐다. 마지막으로 그는 2012년 용산공원 설계 국제공모부터 현재까지를 공모 절차가 개선되고 다양한 기획이 추가된 '성숙기'로 파악하며 앞으로의 과제를 전망한다.

전통의 재현 한국 조경의 50년 궤적과 실천 양상을 관통하는 의제 중 하나는 전통이었다. 전통은 과거에 기인하지만 수동적으로 살아남은 과거가 아니다. 임한솔의 글 "살아있는 과거, 전통의 재현"은 한국 조경이 전통의 문제를 어떻게 다루며 전개되어왔는지 추적한다. 임한솔은 1970년대 초창기 조경에서 전통은 재현보다 발굴과 해석의 대상이었고, 1980년대에는 다수의 국가적 조경 프로젝트에서 전통 혹은 한국성의 재현이 중심 과제로 떠올랐다고 파악한다. 1990년대에도 재현을 중심으로 전통의 실천이 이어지는데, 전통을 주제로 부지 영역을 설정하고 전통 요소를 도입하는 경우가 주를 이뤘고 전통의 내적 원리를 재현하는 시도가 병존했다. 그는 2000년대 이후 등장하고 있는 전통 실천의 대안적 유형을 '창발적 변용'이라고 해석하며, 그 사례로 현상의 단순 복제와 원리의 구현을 넘어선 오피스박김의 작업들을 조명한다.

식재 디자인 식재 디자인은 단순히 식물을 배치하는 것을 넘어 경관의 구조와 체계를 새롭게 직조하는 행위다. 실무 차원에서만 보자면 조경의 동의어라고도 볼 수 있는 식재 디자인은 지난 50년간 어떻게 변해왔을까. 고정희의 글 "한국 조경과 식물의 어긋난 관계"는 식재 디자인은 아직 개념적으로도, 실무적으로도 출발조차 하지 못했다고 문제 제기하며, 조경과 식물이 제대로 관계 맺지 못한 현상의 연원을 추적한다. 고정희는 소나무와 잔디밭으로 대변되는 획일적 조경이 산림녹화사업, 고속도로 조경, 강남 개발을 필두로 한 조경 초창기의 속도전과 물량 위주 사업의 유산이라고 파악하며, 식물과 정상적으로 관계 맺는 조경 고유의 해법을 통해 식재 디자인이 제자리를 찾아야 한다는 주장을 펼친다.

시대성과 정체성 한국 현대 조경은 현대라는 시대성과 한국이라는 지역적 정체성의 두 가지 축으로 구성된다. 두 축의 이면을 논구하는 최정민의 글 "한국 조경의 시대성과 정체성"은 일제 식민지기에 모더니티의 공간적 양태로 이식된 초기 공원들을 식민지 기획의 하나라고 파악한다. 제도권 조경 교육과 전문업의 산파 역할을 한 박정희 시대의 조경관을 재검토하면서 최정민은 조경이 '조국 근대화론'의 산물이자 개발의 폭력성을 은폐하거나 중화하는 도구였다고 해석하며, 그러한 조경관이 조선이라는 특정 시기의 단편적 요소를 한국적 조경으로 양식화하고 기술 일변도의 조경 교육을 남겼다고 평가한다. 그는 1990년대 이후 지역적 맥락을 존중하고 장소의 정체성을 재창조하는 경향에 한국 조경의 자생적 진화 과정이라는 긍정적 평가를 내린다.

개발 시대 50년 한국 조경의 궤적을 되돌아보면 조경은 늘 도시 개발의 켤레였으며 국가 정책과는 더욱 뗄 수 없는 관계였음을 알 수 있다. 박희성의 글 "개발 시대의 조경, 그 결정적 순간들"은 토목 일변도의 국토개발에 조경이 정착하게 되는 과정을 주요 정책들과 엮어 짚어내며 오늘날의 조경이 단번에 성장한 것이 아님을 말한다. 서울올림픽 개최 준비로 시작된 전국토공원화운동이 도시 미화로서의 조경을 대중에게 알렸다면, 조경의 다양한 역할을 실험하는 계기가 된 민선 지방자치제의 개막과 신도시 개발 정책은 도시의 그린 인프라를 구축하며 도시를 작동시키는 조경의 가능성을 증명했다고 박희성은 해석한다. 아울러 그는 이러한 성과의 이면, 즉 국가와 공공의 정책에 의존해온 조경의 한계를 지적하는 것도 잊지 않는다.

1부가 한국 조경의 지형과 풍경 전반에 대한 조감이라면, 2부는 주요 단면에 대한 클로즈업이다. 김아연, 이유직, 서영애, 김영민, 김정은, 김연금, 김한배, 박승진, 남기준의 글 아홉 편을 엮은 2부는 한국 조경 50년의 궤적 위에 펼쳐진 주요 주제를 포착하고 해석한다.

생태공원 조경은 도시와 생태계의 관계를 돌보는 전문적 실천 행위다. 도시의 생태계를 보존하고 재건하는 생태공원은 자연을 공원이라는 장치로 도시에 포섭한 공간이다. 김아연의 글 "도시의 자연, 생태공원"은 도시 공간의 일부를 생명체에게 내주는 생태공원을 필터 삼아 한국 조경의 성과를 살피고 과제를 전망한다. 생태공원은 도시 개발의 논리를 합리화하는 홍보 도구나 생태 상품이 아니다. 생태공원은 도시 개발에 대한 비평이며 도시가 스스로를 보정하는 혁신의 매체다. 김아연은 이러한 시선으로 생태공원의 제도적 개혁, 계획·설계와 조성·운영 방법론의 혁신, 생태 미학의 디자인 실천을 이야기한다.

선형 공원 3부에서 볼 수 있는 한국 조경 50년의 대표작 중 다수는 대형 공원이며 그중에는 긴 선형의 공원이 적지 않게 포함되어 있다. 이유직의 글 "회복의 경관, 도시의 선형 공원"은 도시의 생태적 기반이자 여가와 문화의 거점으로 작동하는 선형 공원을 회복의 경관이라는 관점에서 다룬다. 이유직은 양재천, 여의도한강공원, 반포한강공원, 여의도생강생태공원처럼 하천이나 강을 따라 조성한 녹지, 그리고 경의선숲길, 서울로7017, 경춘선숲길, 청계천처럼 도로나 철도와 같은 교통 인프라를 공원으로 변모시킨 공간으로 선형 공원을 구분하여 재조명한다. 그의 평가처럼 최근의 선형 공원들이 생산한 새로운 경관은 생태·사회적 회복의 거점으로 작동하고 있으며, 정치·사회적 의제를 도시 공간의 설계와 통합하는 방식을 고민하게 해준다.

이전적지 공원화 탈산업화와 도시 확장으로 인해 버려진 공장, 쓰레기 매립지, 정수장, 군사기지 등 다양한 유형의 이전적지가 공원으로 전환되어 도시재생의 매개체 역할을 해왔다. 한국 조경 50년을 대표하는 작품의 거의 절반이 이전적지가 공원으로 재생된 사례이기도 하다. 서영애의 글 "이전적지에서 공원으로"는 특정 계층의 전유물을 공공의 열린 공간으로 변모시킨 서울어린이대공원과 공군사관학교 시설을 도시 공원으로 바꾼 보라매공원과 같은 선례를 재조명한다. 한 걸음 더 나아가 서영애는 지방자치제 이후 공장 부지 공원화의 성과인 영등포공원, 탈산업 부지의 공원화가 낳은 한국 조경의 대표작인 선유도공원과 하늘공원, 군사기지에서 공원으로 변모하고 있는 현재진행형의 용산공원 등이 한국 현대 조경사에 남긴 의미를 짚는다.

아파트 조경 아파트는 한국인의 삶과 문화는 물론 공간 의식을 규정하는 대표적 주거 유형으로 자리 잡았다. 특히 1990년대와 2000년대의 신도시 건설과 재건축 열풍에 힘입어 아파트가 폭발적으로 늘어나면서 건설사들은 아파트 브랜드 만들기에 주력했고, 아파트 외부 공간 조경이 아파트의 상품 가치를 높이는 첨병 역할을 맡게 됐다. 김영민의 글 "상품성과 공공성, 아파트 조경의 모순과 미래"는 조경설계사무소의 성장을 이끈 아파트 조경의 명암을 조회한다. 김영민은 아파트 덕분에 한국 조경이 전성기를 구가했음에도 그 성과를 경시하고 냉소하는 현실을 상품성과 공공성을 둘러싼 모순이라고 진단한다. 뿐만 아니라 그는 조경계가 애써 외면해온 아파트 조경의 역설을 해소할 방향을 전망한다.

사이와 경계 조경은 도시와 건축 사이의 경계를 풍요롭게 한다. 재개발과 재건축, 도시재생으로 늘 변화무쌍한 한국 도시 경관에서 건축의 외부 공간을 다루는 조경은 도시 조직을 긴밀하게 연결하며 장소의 잠재력을 확장하는 역할을 해왔다. 김정은의 글 "도시와 건축 사이"는 디자인 스튜디오 로사이loci의 최근작인 아모레퍼시픽 신사옥과 브릭웰의 성취에 주목하며 도시를 살린 공간적·미학적 해법을 미시적으로 탐사한다. 김정은은 아모레퍼시픽 신사옥 조경이 건축의 외부 공간과 공공 보행로를 통합하는 동시에 도시 조직의 스케일 변화에 깊이감을 부여함으로써 도시의 파편을 연결한다고 조명한다. 그는 또한 오래된 동네의 공공 정원으로 기능하는 브릭웰 정원을 골목과 사유지를 관통하며 잇는 성공적인 실험이라고 해석한다.

맥락 대상지를 둘러싼 공간적 맥락을 다루는 방식은 조경설계의 중요한 관건 중 하나다. 특히 시민의 관심이 집중되고 공간의 변화에 정치적 의도가 투영되는 도시 프로젝트인 경우에는 맥락의 문제가 더욱 부각되곤 한다. 김연금의 글 "맥락을 읽고 짓는 조경"은 세운상가, 서울로 7017, 용산공원을 사례로 설계와 맥락이 관계 맺는 방식을 새로운 시각으로 비평한다. 세 프로젝트는 성격과 내용, 진행과 절차는 다르지만, 남산이라는 거대 맥락과의 연결을 중시한다는 공통분모를 지닌다. 김연금은 맥락을 받아들이고 연결하는 관행적 접근을 넘어 맥락을 만들거나 바꾸는 접근도 필요하다는 견해를 펼친다. 복합적이고 중층적인 맥락이 계속 쌓여가는 도시 프로젝트에서는 맥락을 열고 새롭게 짓는 태도가 유효할 수 있다는 것이다.

사회적 예술 근대 조경이 태생기부터 지향해온 중요한 가치는 공공성일 것이다. 그러나 21세기 전환기의 포스트모던 문화와 최근의 라이프스타일 변화를 겪으며 시민들은 공공성만을 앞세운 도시공원에 대해 냉소적인 시선을 보내는 경우가 적지 않다. 중성적인 공원보다 개성 있는 삶의 체취를 느낄 수 있는 공간에 열광한다. 김한배의 글 "사회적 예술로서의 조경, 공공성에서 사회성으로"는 공허한 공공 공간을 넘어 교류와 활력의 장소를 창출하는 사회적 조경의 가능성에 주목한다. 김한배는 조경을 사회적 예술의 관점에서 실험해온 김연금, 김아연, 박승진, 안계동의 작업을 재조명하면서 장소 지향적 조경의 사회성을 논의한다.

시민사회 공원은 근대 도시의 발명품이다. 공원과 현대적 의미의 조경은 그 태생이 같다. 한국 조경 또한 태동기부터 공원 설계를 기반으로 성장하며 도시의 건강한 환경과 여가 문화에 기여해왔다. 최근에는 기후변화와 팬데믹으로 인해 공원의 사회적 역할에 대한 기대가 그 어느 때보다 커지고 있기도 하다. 박승진의 글 "공원과 시민사회"는 공원이 진화하는 과정의 중심에 시민이 있었음을 주목한다. 시민이 공원 거버넌스의 주체가 되어 공원의 조성은 물론 운영과 관리에 참여해온 역사를 되짚는다. 박승진은 광주 푸른길 공원의 시민 참여를 비롯해 서울숲에서 펼쳐진 서울그린트러스트와 서울숲컨서번시의 활동, 최근 노들섬에서 실험된 민간의 공간 운영 등 다양한 성과를 재평가하며 공원과 시민사회의 함수를 촘촘히 살핀다.

텍스트 지금으로부터 꼭 30년 전인 1992년, 경주와 무주에서 열린 제29차 세계조경가대회 때도 이 책 3부의 한국 조경 대표작 50선과 유사한 형식의 책이 출간되었다. 남기준의 글 "텍스트로 읽는 한국 조경"은 그 책에서 출발해 한국 조경의 변화 양상을 다양한 단행본을 통해 살핀다. 남기준은 조경 이론과 비평을 생산하고 실험한 저작들부터 일반인을 대상으로 한 정원 실용서와 에세이, 전통 조경과 조경설계를 테마로 한 단행본, '조경으로 가는 즐거운 시작이고 첫걸음'이 되길 바라며 기획된 입문서까지 수십여 권의 책과 그 행간을 통해 한국 조경의 어제와 오늘을 조감한다. 시기별로 한국 조경 대표작을 선정해 온 여러 기획 작업의 결과도 함께 수록한다.

코로나19가 기승을 부리던 2020년 여름, 한국조경학회는 '한국조경50 편집위원회'를 구성해 책의 방향과 구성을 기획하기 시작했다. 필자 섭외와 원고 집필, 편집 과정에 2년이라는 짧지 않은 시간이 흘렀고, '리:퍼블릭 랜드스케이프re:public landscape'라는 주제로 '다시, 조경의 공공성'을 소환해 토론의 장을 펼치는 '세계조경가대회IFLA World Congress 2022' 개막에 맞춰 책을 출간한다. 한국 조경의 지난 50년을 다양한 시선으로 기록하고 해석해준 필자 열다섯 분에게 깊이 감사드린다. 김아연, 남기준, 박희성 편집위원은 오랜 기획과 토론에 참여하며 책의 완성을 이끌었고, 임한솔 편집간사는 지난한 편집과 교정 과정을 감내하며 헌신적으로 노력했다. 감사의 마음을 전하지 않을 수 없다. 흔쾌히 출간을 맡아준 도서출판 한숲의 박명권 대표와 원고 정리를 지원해준 김민주 편집자, '한국 현대 조경 50' 설문조사를 진행하고 텍스트와 이미지 전반의 편집 실무를 꼼꼼히 챙겨준 월간 『환경과조경』의 김모아 기자, 책의 틀과 꼴을 아름답게 잡아준 팽선민 디자이너에게도 감사드린다.

1 1970년대부터 20세기 말까지 한국의 조경 교육, 연구, 작품, 산업, 법제, 미디어, 국제화 등에 관한 상세한 사정은 다음 백서에서 참조할 수 있다. 환경조경발전재단 편, 『한국조경의 도입과 발전 그리고 비전: 한국조경백서 1972-2008』, 도서출판 조경, 2008.

2 배정한, "한국 조경의 새로운 지형도: 변화의 전략", 『한국의 조경 1972-2002: 한국조경학회 창립 30주년 기념집』, 한국조경학회 편, 한국조경학회, 2002, p.157.

3 배정한, "모든 경계에는 꽃이 핀다", 『한국조경학회 창립 40주년 기념집』, 한국조경학회 편, 한국조경학회, 2012, p.103.

4 '한국조경헌장'은 한국조경학회 창립 30주년 다음 해인 2013년 제정되었다. 2022년 12월에 열릴 50주년 기념행사에서 '개정 한국조경헌장'이 공표될 예정이다.

5 한국 조경 50년사의 방대한 자료를 수집해 체계적인 아카이브를 구축하는 일은 다음 50년을 설계하는 데 매우 중요한 기초 작업이지만 이 책의 범위를 벗어난다. 여기저기 흩어져 소실되고 있는 자료와 데이터를 축적하는 범 조경계 차원의 기획 프로젝트가 필요한 시점이다. 이제까지 백서 또는 자료집 형식으로 출간된 조경계의 출간물로는 다음의 글 또는 책을 꼽을 수 있다.
한국조경학회 창립 10주년 기념호인 『한국조경학회지』 11(1), 1983. 황기원의 "황기원, 조경교육의 구조와 과제", 김용기의 "우리나라 조경교육의 현황과 문제점" 등이 실렸다.
김태경, "한국조경학회 20년사", 『한국조경학회지』 12(4), 1993, pp.102-115.
한국조경학회 편, 『한국의 조경 1972-2002: 한국조경학회 창립 30주년 기념집』, 한국조경학회, 2002.
환경조경발전재단 편, 『한국조경의 도입과 발전 그리고 비전: 한국조경백서 1972-2008』, 도서출판 조경, 2008. 자료의 분량과 종합 면에서 주목할 만하다.
한국조경학회 편, 『한국조경학회 창립 40주년 기념집』, 한국조경학회, 2012. 일반적인 백서가 아니라 열두 편의 글을 엮은 비평집의 성격을 띤다는 점에서 이채롭다.
백서나 자료집보다는 해석적 비평서를 지향하는 이 책의 좌표와 가장 넓은 교집합을 갖는 것은 다음 책이다. 월간 환경과조경 편집부 편, 『Park_Scape: 한국의 공원』, 도서출판 조경, 2006.
『한국조경학회지』 통권 200호를 기념해 기획한 다음 책은 스물일곱 명의 필자가 커뮤니티, 건강 사회, 지속가능성, 문화경관, 조경설계의 관점에서 한국 조경의 과제를 전망하는 형식을 취했다. 한국조경학회 기획, 성종상 편, 『한국 조경의 새로운 지평』, 도서출판 한숲, 2021.
그밖에 서울과 경주에서 동시에 열린 IFLA 1992에 맞춰 출간된 다음 책은 이미 30년이 지났지만 여전히 한국 조경사의 소중한 기록이라는 가치를 지닌다. 한국조경학회 편, 『현대한국조경작품집 1963-1992』, 도서출판 조경, 1992.
1982년 7월 창간해 출간 41년을 넘어선 조경 전문지 『환경과조경』은 기록과 해석을 가로지르며 한국 현대 조경사의 생생한 단면을 저장해왔다. 한국 조경의 성장 신화를 기록해왔을 뿐 아니라 조경의 새로운 영역을 발견하며 그 경계를 확장해왔다. 2021년 8월 발간 『환경과조경』 통권 400호에는 1호부터 400호까지의 모든 내용을 파악할 수 있는 총 목차가 실렸다.

6 50작품 각각에 대한 한층 더 상세한 설명과 정보는 『환경과조경』 통권 404호(2021년 12월호)에서 볼 수 있다.

1부

키워드로 읽는
한국 조경설계와 이론

이명준

아름다움을 디자인하기

18세기 후반 독일의 미학자이자 정원 이론가였던 히르시펠트는 『정원 예술론Theory of Garden Art』에서 정원 디자인이 회화, 건축, 조각보다 우월한 예술 장르라고 평했다. 이차원 평면에 머무는 회화와 달리 정원 예술은 삼차원의 살아있는 자연을 재료로 삼기에 시각뿐 아니라 다양한 감각으로 체험되고, 입체이지만 정지 상태로 고정된 건축이나 조각과 다르게 정원을 구성하는 자연 재료는 밤낮으로 또 계절에 따라 부단히 변화하기에 다채로운 움직임을 만들어낼 수 있기 때문이다.[1] 여기서 그가 호평한 정원 양식은 18세기 무렵 영국에서 발명되어 전 유럽을 풍미한 풍경화식 정원landscape garden, 즉 목가적인 풍경으로 디자인된 정원이었다. 한 세기 정도 지나 미국에서 이 양식은 전문 직종으로서 조경가landscape architect라는 말을 최초로 사용한 프레더릭 로 옴스테드와 캘버트 복스의 센트럴파크 디자인 원리로 적용되어 조경가와 대중의 사랑을 받고 명실상부한 도시공원의 대표 이미지로 자리매김한다.

다시 한 세기가 흘러 이제 이 양식은 지배적인 조경 디자인 원리가 되었지만, 한편으로 조경 작품의 몰개성화와 시각만을 강조한 경관 감상을 조장한다는 혐의 또한 받게 되었다.[2] 잔디밭이 드넓게 펼쳐진 땅에 키 큰 나무가 군데군데 심겨 있고 그 아래로 휴게 시설이 놓여 있어 마음을 평온하게 정화하는 목가적인 풍경. 사실 공원과 정원을 비롯한 대개의 조경 작품은 이 공식에서 쉽사리 벗어나기 힘들다. 조경이 다루는 재료인 자연nature은 히르시펠트가 말한 대로 다채로운 움직임과 여러 감각을 일깨우는 매개체이지만, 여느 정원이나 공원에서 발견되는 흔한 구성 요소일 수 있다. 게다가 자연은 자연스러워야natural, 말하자면 인간의 인공적artificial 행위를 배제하는 것이 좋다는 우리의 통념이 조경 작품의 새로운 형태 만들기를 암묵적으로 저해해온 것도 사실이다. 그저 조경은 자연의 아름다움을 꾸밈없이 보여주면 된다는 반-디자인적 교의가 조경 작품을 대중의 눈에 보이지 않게 만들어 왔다.

그러나 조경은 경관의 아름다움을 인간의 손으로 빚어내는 엄연한 디자인 행위다. 조경가는 늘 창의적인 아이디어로 새로운 경관의 모습을 만들어내고자 노력해왔다. 얼핏 옴스테드의 목가적 풍경으로만 점철된 것 같던 한국 현대 조경 작품의 면면을 자세히 들여다보면 기존의 관습과 사회의 통념에서 벗어나 대안적 디자인 방향을 모색해 온 디자이너와 이론가의 진심이 전달되어 가슴이 웅장해진다. 1970년대 정부와 공공이 주도하는 국토 개발로 시작된 한국 조경은 1980년대의 파리공원과 올림픽공원이라는 작품을 생산했지만, 1990년대 여의도공원 설계공모전에서 여실히 드러났듯 20세기까지 조경설계는 전통을 비롯한 의미와 상징으로 과잉된 채 목가적 풍경이라는 겉옷만 걸쳐 입은 공원을 양산하고 있었다.[3] 밀레니엄을 지나 조경가는 새로운 아름다움을 빚어내기 시작했다. 이 글은 그 무렵부터 시작된 한국 조경설계의 변화를 이론과 미학의 시선으로 검토한다. 조경가가 디자인하는 아름다움과 그것의 기능은 무엇이고 어떠한 방식으로 만들어지는가? 숭고의 미학, 랜드스케이프 어바니즘, 지속가능한 아름다움, 회복탄력적 디자인, 테크놀로지와 같은 이론적 키워드를 중심으로 이 글은 새로운 아름다움을 찾아 나섰던 한국 현대 조경가들의 디자인 전략과 작품을 되짚어본다.

숭고의 미학

2000년을 전후로 조경가는 공원에 뒤덮인 목가적 풍경을 거둬내고 거친 풍경을 입히기 시작했다. 오래된 산업 시설물이 새로운 풍경을 만들게 했다. 20세기 후반 도시 내부의 산업 시설은 도시의 확장에 따라 주변부로 밀려나거나 산업 구조의 변화로 소임을 다해 더 이상 가동되지 않는 경우가 빈번해졌다. 탈산업 경관post-industrial landscape을 철거하지 않고 그곳에 담긴 기억을 보존하기 위해 구조물을 남기고자 하는 디자인 전략이 1990년대 후반 한국 공원에 처음 등장했다. 초기에 그러한 오래된 구조물은 미적 대상으로 전시되었다. 1996년 서울시가 '공원녹지 확충 5개년계획'의 일환으로 추진한 '공장 및 시설 이적지 공원화 사업' 성과의 하나인 영등포공원(1998년 개장)이 대표적이다. OB맥주 공장이 60년 이상 가동되던 부지에 맥주를 만들던 순동 항아리 모양의 담금솥이 조각품처럼 배치되었다. 하지만 섬 속에 고립된 듯한 이 오브제를 제외하고는 흔한 동네 공원처럼 꾸며져 부지의 장소성을 드러내기

에 충분하지 못했다.[4]

　2000년 이후 조경가는 산업 구조물을 적극적으로 활용해 거친 풍경을 연출했다. 선유도공원은 1978년 선유정수장이 들어선 이래로 20여 년간 정수장으로 이용되다가 폐쇄되었고 1999년 설계공모를 거쳐 2002년 개장했다. 선유도공원은 산업 구조물을 미적 오브제로만 소모하는 소극적 태도를 넘어서 공원 전체의 공간 구조를 직조하는 데 활용했고 무엇보다 정수장 폐허의 부스러진 외피를 날것으로 드러내는 전략을 구사했다. 여기에 다채로운 야생 식물이 기친 구조물을 뒤덮도록 연출되었다. 선유도공원은 국내외 조경가와 건축가는 물론 이론가에게 극찬을 받았고, 2004년 한국 최초로 미국조경가협회ASLA 디자인상을 수상하기도 했다.

선유도공원, 녹색 기둥의 정원

목가적 풍경을 벗어난 그러한 대안적 풍경을 이론가는 숭고sublime의 미학으로 해석했다. 숭고는 미학사에서 아름다움과 반대되는 미적 범주로 여겨져 기성 문화가 타성에 젖었을 때마다 새로운 변화를 시도하기 위해 소환되곤 했던 개념이다. 조경의 역사에서도 숭고는 디자인의 변혁과 관련되어 등장했었다. 18세기 말 영국의 아마추어 정원 이론가인 윌리엄 길핀, 유브데일 프라이스, 리처드 페인 나이트는 당시 유행했던 랜슬럿 캐퍼빌리티 브라운Lancelot Capability Brown의 정원, 말하자면 단순한 조형 언어로 깔끔하게 정돈된 정원의 풍경을 단조롭고 따분하다고 비판했고, 대신 야생 자연이 지닌 거친 속성을 정원 디자인에 도입하고자 했다. 이때 그들이 제안한 픽처레스크picturesque는 야생 숲, 망가진 둑과 뒤틀린 뿌리, 고딕 폐허 등이 지닌 "울퉁불퉁하고 거칠고 갑작스러운 변화"를 의미했다. 그러한 속성은 18세기 철학자 에드먼드 버크와 임마누엘 칸트가 분석한 바 있는, 인간이 통제하기 힘든 자연의 숭고함을 어느 정도 길들여 현실 세계의 정원에 도입하려는 시도였다.[5] 부스러진 산업 구조물과 야생 자연의 숭고한 속성을 소환해 옴스테드식 공원을 탈피한 선유도공원의 전략은 기성 정원의 풍경을 벗어나기 위해 야생 자연의 거친 물성을 추구했던 18세기 정원 이론가들의 전략을 연상시킨다.

선유도공원 이후로 한국의 여러 조경가는 산업 시설물을 재활용하는 슬기로운 해법을 즐겨 구사했다. 서울숲(2005년 개장)은 정수장, 경마장, 유원지, 골프장을 포함하는 다양한 기억의 층이 축적된 곳으로, 정수장 구조물을 일부 존치해 식물상과 공존하도록 만들고 경마장 트랙을 주요 동선으로 활용해 장소의 기억이 고스란히 느껴지도록 연출했

서서울호수공원, 몬드리안 정원

다. 물론 산업 시설물을 다루는 태도에도 다소 변화가 있었다. 산업 시설물의 거친 속성을 적당히 순치해 날것의 광폭함 대신 인공적이고 정제된 아름다움을 부각하는 흐름이 나타났다. 대표적으로 서서울호수공원(2009년 개장)은 정수장 시설을 활용할 때 화가 몬드리안의 구성을 공간의 조형 질서로 채택하고 여기에 적합한 산업 시설물의 잔해를 선택적으로 활용해 공원의 아름다움을 연출했다. 이러한 디자인 경향은 인테리어 디자인에서 한동안 유행했던 인더스트리얼 스타일의 특성을 반영한다.[6]

산업 시설물을 재활용해 거친 풍경을 연출하는 전략은 이제 옴스테드의 목가적 풍경처럼 하나의 지배적인 디자인 양식이 되었다. 철도 폐선을 오픈스페이스로 변신시켜 젊은이와 관광객의 핫플레이스가 된

경의선숲길(2012년 개장), 고가도로를 화분과 보행길로 고쳐 쓴 서울로 7017(2017년 개장), 과거의 석유 비축 탱크를 문화 프로그램의 인큐베이터로 활용한 문화비축기지(2017년 개장) 외에도, 도시 재생이라는 흐름에 따라 다양한 역사, 형태, 기능을 지닌 탈산업 경관이 조경가의 시술을 기다리고 있다. 앞서 말했듯이 지성사에서 숭고의 미학은 타성에 젖은 문화의 대안을 찾기 위해 소환되곤 했다. 산업 시설물을 재활용한 조경 설계 방법이 오히려 개성 없는 작품을 양산하는 고루한 관습이 되지 않기 위해서 공원의 새로운 정체성을 만들어내는 창의적 디자인 상상력이 요구되는 시점이다.

랜드스케이프 어바니즘

숭고의 미학이 조경 작품을 인문학적으로 해부해보는 이론가의 언어였다면, 그러한 조경 작품은 실제로 어떻게 만들어졌고 또 만들어질 수 있는가. 말하자면 조경 이론뿐 아니라 디자인 실무의 영역에서 두루 통용된 말은 바로 랜드스케이프 어바니즘landscape urbanism이었다. 글자 그대로 경관landscape으로 도시를 디자인하는urbanism 태도를 가리키는 이 이즘ism은 산업화 시대가 저물어가면서 가동을 멈춘 공장, 쓰레기 매립지, 군 기지를 비롯한 대규모 브라운필드brownfield를 오픈스페이스로 디자인하는 전략이 나타난 20세기 후반 등장했다. 랜드스케이프 어바니즘은 디자이너에게 옴스테드가 조경가 직함을 가지고 산업화로 얼룩진 도시를 경관으로 치유하던 조경의 기원과 황금기를 상기시켰고, 해체주의나 뉴 어바니즘처럼 견고한 디자인 언어로 무장한 건축과 도시 설계 분야와 달리 디자인 담론을 형성하지 못해온 조경 이론계는 이 신

조어의 등장에 열렬히 환호했다.

　처음부터 이 이즘은 견고한 체계로 짜인 이론이라기보다 느슨한 담론으로 출발했다. 1997년 찰스 왈드하임과 제임스 코너가 일리노이 대학교에서 열린 심포지엄 '랜드스케이프 어바니즘'에서 처음 고안했다고 알려진 이 말은 그간 반대항으로 여겨진 '경관'과 '도시화'를 화해시켜 경관을 도시 인프라스트럭처로 간주하면서 프로세스 지향의 설계 전략을 요청했다.[7] 도시의 일부였던 브라운필드가 오픈스페이스로 디자인되면서 필연적으로 조경, 건축, 도시설계의 경계가 희미해져 이전과는 다른 형태와 기능을 지닌 조경 작품이 잇달아 등장했고, 랜드스케이프 어바니스트는 그러한 새로운 경향을 설명하고 앞으로의 지향점을 제시했다. 현대 조경 디자인의 클래식이 된 토론토의 공군기지와 뉴욕의 쓰레

서울로7017

기 매립지를 각각 공원으로 변신시킨 다운스뷰 공원Downsview Park과 프레시킬스Fresh Kills 국제 설계공모의 출품작이 랜드스케이프 어바니즘의 대표 사례로 언급되었다. 건축물처럼 수직 상승하지 않고 수평적으로 확장해가는 판horizontality, 도심 속의 고립된 섬이 아닌 혈관처럼 뻗어나가는 인프라스트럭처infrastructure, 경관의 쓰임새를 전지전능하게 결정하지 않고 미래의 변화에 유연하게 적응해가는 과정process, 목가적 자연이 아닌 역동적 생태ecology를 구현하는 디자인 전략이 이 두 공모전 출품작에 담겨 있었다.

미국의 랜드스케이프 어바니즘은 한국에 곧장 상륙했다. 다운스뷰 공원 공모전은 2001년 『환경과조경』에 공식 소개되고 이듬해 『한국조경학회지』에 출판되었으며, 프레시킬스 공모전은 2002년 『환경과조경』에 이어 2005년 『한국조경학회지』에 논문으로 실렸다.[8] 이론으로서 랜드스케이프 어바니즘은 2001년 『환경과조경』에, 2004년에는 단행본 『현대조경설계의 이론과 쟁점』과 『한국조경학회지』의 연구 논문으로 출판되었다. 왈드하임이 2006년 엮은 『Landscape Urbanism Reader』가 2007년에 번역되면서 마침내 그 '이즘'은 한국 조경 디자인의 거대 담론이 된다.[9]

랜드스케이프 어바니즘이 수용된 초기에 조성된 대표 작업으로 2003년 개최된 서울숲 설계공모 당선작이 꼽힌다. 앞서 설명했듯 서울숲은 정수장의 폐허를 활용해 거친 속성을 구현했다는 점에서 숭고의 자장 안에 있었다. 한편으로, 당선작이 표방한 디자인 전략인 '진화, 네트워크, 재생'에는 랜드스케이프 어바니즘의 인장이 선명했다. 부지를 한 번에 개발하지 않고 순차적으로 조성, 개방, 진화해가는 단계별 '프로세스'를 제안했고, 공원의 동선, 수계, 녹지를 공원 경계에 가두지 않고 주변 도시 조직과 긴밀히 연결하는 네트워크를 구상하여 경관을 도시 '인프라스트럭처'로 다뤘으며, 산업 경관을 재생하는 주요 수단으로 '생태'를 활용했다. 한국 조경 디자인에 전략strategy이라는 말과 그러한 전략을 시각화하는 현란한 컴퓨터 그래픽이 유행한 것도 이 공모전부터다. 다운스뷰 공원과 프레시킬스 공모전에서 사용된 레이어드 맵핑layered mapping, 즉 공원의 다양한 구성 요소를 지도 형식으로 만들어 켜켜이 중첩한 다이어그램이 한국 도시공원의 비전을 그려내는 매체로 적절히 활용되었다. 배정한의 평가처럼, 서울숲 공모 당선작은 "그 후의 10여 년의 시간 동안 한국 조경이 시도해 온 변신과 탈주의 방향을 예비한"[10] 작품으로, 행정중심복합도시 중앙녹지공간, 광교호수공원, 용산공원으로 이어지는 한국 랜드스케이프 어바니즘 계보의 출발점에 놓일 만하다.

2010년 즈음 국내외 조경가와 이론가들은 랜드스케이프 어바니즘의 그간의 성과를 평가하고 문제점을 진단하면서 자성의 목소리를 내기 시작했다. 뉴 어바니즘New Urbanism 진영에서는 랜드스케이프 어바니스트의 몇몇 작업을 두고 건축 디자인의 브랜드화를 쫓아 주변 경관보다 돋보이게 만든 자본주의적 경관이라고 비난하기도 했다.[11] 하지만 조경가는 제3세계를 비롯한 세계의 사회, 경제, 생태, 문화적 불평등을 해소하는 방법으로 랜드스케이프 어바니즘의 처방을 따르되 또 상황에 따라 적절히 대응하면서 그 이즘을 생태적 어바니즘으로 발전시키고 있었다.[12] 국내에서는, 탄탄치 못한 그 이론 체계의 한계를 지적하고 프로세스 지향의 디자인이 도리어 경관 형태의 실험을 저해하고 있지는 않은가

하는 회의론이 등장했다. 무엇보다 서구의 담론인 랜드스케이프 어바니즘이 한국의 도시에 완벽한 처방이 되기는 힘들었다. 조경진이 지적했듯, 서구에서 수평으로 뻗어나가는 판으로 인식되는 랜드스케이프 개념으로는 산과 구릉이 많고 생태 환경으로 인식되는 한국의 경관을 이해하기에 무리가 따른다.[13] 그럼에도 불구하고 랜드스케이프 어바니즘은 여전히 한국 조경 디자인의 거대 담론이자 태도로 영향력을 행사하고 있다. 설계공모전과 학생 작품에서 프로세스 지향의 디자인 전략과 그것을 시각화하는 맵핑과 다이어그램은 어느새 당연한 방향이 되어버렸고, 대상지의 기억을 지우지 않고 되살리려는 제스처는 일종의 강박처럼 보이기까지 한다. 이후에 나타난 모든 조경 이론은 어떻게든 랜드스케이프 어바니즘에 포섭된다고 해도 과언이 아닐 정도로 랜드스케이프 어바니즘의 정신이 짙게 스며들어 있다.

지속가능한 아름다움

조경의 정체성을 말할 때 동원되는 종합과학예술이라는 오래된 수사가 있다. 조경은 생태 데이터를 분석하고 이를 기반으로 경관을 계획하는 과학이면서 동시에 우리의 모든 감각에 감동을 주는 아름다움을 디자인하는 예술 분야이기 때문이다. 그런데도 조경은 과학인가 예술인가 하는 질문이 조경 내부에서 끊임없이 제기되어 온 것은 아마 두 영역이 양극단으로 갈려 융합하지 못해왔기 때문일 것이다. 과학과 예술 사이의 간극은 미국 조경계에서 먼저 지적되었다. 엘리자베스 마이어는 1970년대 이래 조경의 역사를 이안 맥하그가 보급한 과학적 생태 계획과 피터 워커로 대표되는 예술적 디자인이 빚은 갈등으로 시작하여 그

간극을 봉합하기 위해 노력해 온 일군의 조경가의 작품 경향으로 개관한 바 있다.[14] 마이어는 마이클 반 발켄버그와 조지 하그리브스의 작품에서 발견되는 자연 재료의 물성을 활용한 분위기 형성과 프로세스 기반의 경관 형태 만들기를 '미적 경험의 구축'으로 설명했다. 거친 물성을 드러낸다는 점에서 숭고의 미학을, 자연의 프로세스를 강조한다는 점에서는 랜드스케이프 어바니스트의 언어를 사용했지만, 과학과 예술을 화해시켜 조경 작품의 아름다움이란 무엇이고 어떤 효과를 창출하는가에 대한 미학적 탐구가 마이어 이론의 지향점이있다.

2008년 출판된 마이어의 논문 "지속가능한 아름다움Sustaining Beauty"에서 그녀의 이론은 더 이상 미학적 해석에 갇히지 않고 비로소 디자인 실천의 영역에 안착했다.[15] 지속가능성이 주로 생태적 측면에 국한되어 논의되어왔다는 점을 지적하고 미적인 것을 지속가능성의 담론 내에서 설명하기 위해 그녀는 조경 작품의 '겉모습appearance의 성능performance'에 주목했다. 생태와 예술을 융합하기 위한 그녀의 조경 디자인에 대한 생각은 실천 지향의 선언문 형식으로 정교화되었다. 이전처럼 자연의 프로세스, 장소 특수적 맥락, 미적 경험의 구축을 강조했지만, 몇몇 생각은 이전보다 선명해졌다. 경관의 형태, 즉 겉모습을 만들어 생태적 성능뿐만 아니라 예술로서도 인식되는 디자인이 필요하며, 그러한 조경 작품의 경험이 환경윤리적 가치를 내재한다는 주장이다. 바꿔 말하자면, 보이지 않는 자연스러운natural 경관보다 생태 프로세스를 활용해 눈에 보이는 경관hypernature을 빚어내면 그러한 경관의 미적 경험이 환경에 대한 관심이라는 교육적 효과를 만들어낼 수 있다는 것이다.[16]

랜드스케이프 어바니즘처럼 마이어의 이론도 한국 조경계에 곧바로 소개되었다. 전자가 조경 디자인 이론과 실무 영역에서 두루 유행어가 되었다면, 후자는 주로 이론적인 영역에서, 이미 존재하는 조경 작품을 바라보기 위한 새로운 시선으로 다뤄졌다.[17] 과학과 예술의 긴장과 화해라는 문제는 한국 조경에도 유효했다. 산업 경관을 재활용한 생태공원은 생태 프로세스를 활용했으면서도 예술 작품으로 보였다. 이전에도 파리공원처럼 공원 디자인의 예술성 실험은 존재했다. 다만 그것의 예술성이 조형적 패턴의 아름다움으로 구현됐다면, 선유도공원, 서울숲, 서서울호수공원은 생태와 퇴락한 산업 시설물을 병치해 특유의 물성과 생경한 분위기로 예술성을 발현했다. 생태를 활용하는 방식도 이전과 달랐다. 초기의 생태공원, 예컨대 여의도샛강생태공원(1997년 개장)과 길동자연생태공원(1999년 개장)이 자연스러운 생태의 모습을 도시에 이식한 결과물이었다면, 재활용 생태공원은 생태 프로세스를 건축 구조물에 탑재해 빚어낸 디자인의 성과였다. 그리고 지속가능한 아름다움 담론의 핵심인 환경윤리적 가치를 지니고 있었다. 폐기된 산업 시설물에 자연이라는 녹색 연료가 주입돼 되살아나는 광경은 방문객에게 자연의 치유력이라는 교훈을 자연스레 건넸다.

　　지속가능한 아름다움 담론은 랜드스케이프 어바니즘의 유행 속에서도 굳건한 존재감을 드러낸 정원 디자인의 순수한 예술성을 설명하는 유용한 관점이 된다. 아모레퍼시픽 본사 사옥의 공중 정원(2018년)과 브릭웰 정원(2020년)에서 경관은 순수한 조형의 언어로 빚어져 시각적 즐거움을 만들고 건축을 단장하는 것을 넘어 조경 작품의 존재감을 오롯이 드러냈다. 이러한 '보이는' 경관은 "예술로의 인식은 조경 디자인의 근본이며 하나의 전제 조건"이라는 마이어의 주장과 공명한다.

회복탄력적 디자인

2010년을 전후로 한국 조경 디자인에서는 생태를 다룰 때 지속가능성 대신 회복탄력성resilience이라는 어휘를 사용하기 시작했다.[18] 지금까지 설명한 다른 이론처럼 공원의 회복탄력성이라는 생각도 구미권에서 먼저 출현했다. 랜드스케이프 어바니즘의 맥락에서 "공원이라는 구체적인 대상에 접근한" 책 『라지 파크Large Parks』는 '대형 스케일의 공원을 디자인한다는 것은 무엇인가'라는 질문에 대해 생태, 미학, 역사, 공공성, 정체성과 가독성이라는 관점으로 응답하는 일련의 에세이로 구성되었다. 여기에 자주 언급된 다운스뷰 공원과 프레시킬스 공모전 출품작에서 생태계는 "닫혀있고 위계적이고 안정적이며 결정적인 구조라는 인식"에서 벗어나 "열려있고 복잡하고 자기-조직적이며, 갑작스럽지만 규칙적인 역동적 변화의 주기를 따르는 예측 불가능한" 시스템으로 다뤄졌다.[19]

생태에 대한 이러한 인식 변화를 잘 드리네는 개념이 회복탄력성이다. 본래 생태학에서 회복탄력성은 강풍, 화재, 기후 변화와 같은 교란을 겪은 후에 안정된 상태로 되돌아가거나 그러한 불확실한 변화에 적응할 수 있는 능력을 의미했다. 조경에서 회복탄력성은 생태의 범위를 보다 확장해 "공원의 정체성을 유지하면서 사회, 문화, 기술, 정치적 변화를 수용할 수 있는 능력"이라는 디자인 전략으로 정의되었다.[20] 다운스뷰 공원과 프레시킬스 공모전 출품작이 펼친 디자인 전략, 즉 불확실한 자연, 문화, 정치, 경제 생태계의 변화에 적응하기 위해 하나의 결과

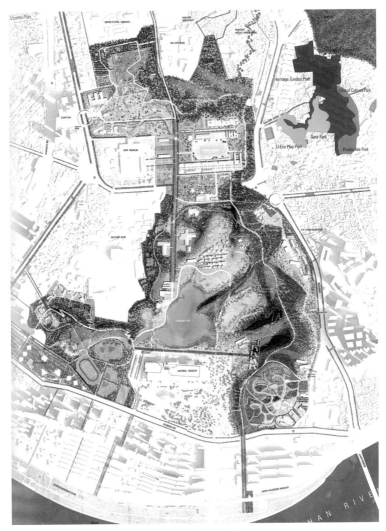

West 8+이로재 외, '힐링: 더 퓨처 파크-미래를 지행하는 치유의 공원',
용산공원 설계 국제공모 당선작

로서 마스터플랜을 강요하지 않고 변화하는 조건에 적응해가는 단계별 계획을 마련하는 전략이 회복탄력적 공원 디자인 기법으로 설명되었다.

공원의 회복탄력성은 '리빌드 바이 디자인Rebuild by Design'이나 '리질리언트 바이 디자인Resilient by Design'과 같이 재난 복구를 겨냥한 조경 프로젝트로 국내에 알려져 랜드스케이프 어바니즘 이후의 주요 디자인 담론으로 연구되고 있다.[21] 사실 이론적 탐구에 앞서 회복탄력적 디자인은 한국 조경 디자인 실천에 이미 활용되고 있었다. 『라지 파크』가 2010년 번역 출간되면서 회복탄력적 공원 디자인 전략이 본격적으로 국내에 소개되었고, 2009년부터 2010년까지 마련된 '용산공원정비구역 종합기본계획'(2011년)에도 이미 적용되었다.[22] 이 기본계획은 용산미군기지를 최초의 국가공원으로 조성하기 위해 미래의 변화에 적응해가며 건강한 상태로 기능할 수 있는 회복탄력적 접근 방식을 제안했다. "정치적, 경제적, 사회적 여건 변화에 대응할 수 있는 유연하고……여러 상황 변화에 탄력적으로 대처할 수 있는 단계별 계획"이 수립된 것이다. 서울숲 공모전 당선작이 단계별 계획에서 공원의 조성과 개방 순서 정도를 정했다면, 용산공원은 부지에 얽힌 미군 기지 철수, 오염과 정화, 역사 보존, 재정 마련을 비롯한 예측 불가능한 조건에 적응해야 했다. 용산공원 기본계획의 그러한 방향은 '용산공원 설계 국제공모'(2012년)에 고스란히 투영되었다. 대부분의 출품작은 공원의 장기적이고 탄력적인 조성을 위한 비전을 그려냈다.[23]

생태적 회복탄력성을 '디자인한' 작품도 출현했다. 오피스박김의 양화한강공원 '머드 인프라스트럭처Mud Infrastructure'(2009년)와 당인리 서울복합화력발전소 설계공모 출품작 '써멀 시티Thermal City'(2013년)가 대표적이다. 전자에서 한강 생태계는 강수의 계절적 변화를 따르는 동적 시스템으로 인식됐고, 설계안은 그러한 자연 현상을 응용해 생태적으로 기능하면서 미적으로 유려한 랜드폼인 뻘을 한강 둔치에 빚어냈다. 후자에서 물결을 이루는 크고 작은 언덕 형상의 지형은 한강변의 역동적 공기 흐름에 착안해 고안된 지형으로, 여름에는 바람을 흐르도록 하고 겨울에는 바람을 막아 온도를 조절하여 사계절 쾌적한 환경을 형성하고자 했다.[24] 이와 같은 뛰어난 실천적 성과가 있었지만, 회복탄력성은 아직은 조경 이론으로서의 체계를 구축하지는 못한 채 지속가능성을 대체하는 유행어처럼, 일견 랜드스케이프 어바니즘 이후에 자취를 감춘 거대 디자인 담론의 부활을 꿈꾸는 이론가의 모호한 언어로 통용되고 있다고 볼 수 있다.

아름다운 테크놀로지

이미 우리는 빅데이터, 인공지능, 디지털 트윈을 비롯한 다양한 테크놀로지를 경관을 조성하고 관리하는 스마트한 도구로 다루고 있지만, 십여 년 전만 하더라도 조경 디자인이 테크놀로지를 소극적으로 이용한다는 지적이 있곤 했다.[25] 1990년대의 건축가가 컴퓨터 알고리즘을 이용해 복잡하고 유려한 구조와 외피의 생성을 실험했다면, 조경가는 컴퓨터로 그저 설계 결과물의 겉모습을 예쁘게 그려내는 데 열중했다. 포토샵과 일러스트레이터와 같은 그래픽 소프트웨어를 이용한 사실처럼 보이는realistic 경관의 묘사, 조경 역사가 존 딕슨 헌트의 말을 빌리자면 '컴퓨터레스크computeresque'[26]한 시각화 기법이 조경 디자인을 주도했다. 사진 이미지를 합성해 실재하는 경관을 포착한 사진처럼 보이도록

오피스박김, '써멀 시티', 당인리 서울복합화력발전소 설계공모 출품작

만들어진 그래픽의 한계가 국내외 이론가들에 의해 지적되었다.[27] 사실처럼 그려내면 대중의 이목을 끌기 쉽고 그런 만큼 의사소통에도 효과적이었지만, 현실 세계에는 아직 존재하지 않는 가상의 경관 그래픽은 사람들을 기만할 우려도 있었다.

한국에서 사실적 그래픽의 시작을 알린 작품으로 앞서 언급한 서울숲 공모전 당선작이 있다. 그래픽 소프트웨어로 정교히 제작된 사실적인 공원 조감도와 투시도는 미래의 공원 모습을 마치 실재하는 것처럼 보여줬다. 디자이너의 환호 뒤에 이론가의 핀잔도 들렸다. 서울숲의 그래픽은 생동감이 없는 "디지털 픽처레스크", 디자인 과정이 아닌 결과물을 묘사한 이미지라고 평가되었고, 외주 컴퓨터 그래픽 업체에 투시도 생산을 맡기는 관습 탓에 디자이너의 개성이 사라지고 표준화된 우리의 현실이 비판되기도 했다.[28]

성과도 있었다. 겉모습을 사실처럼 묘사하는 그래픽을 넘어 경관의 형태를 생성하는 도구로 테크놀로지가 이용되었다. 앞서 언급한 '머드 인프라스트럭처'와 '써멀 시티'에서 생태적 성능은 라이노 모델링과 열적 쾌적성 시뮬레이션을 경유해 아름다운 랜드폼으로 번역되었다. 근래에는 테크놀로지가 생태의 강박을 벗어나 그 자체로 자율적autonomous 형상 실험의 도구로 활용되고 있다. 나성진이 서울정원박람회에 선보인 '개인의 피크닉Individual Picnic'(2018년)에서 우리의 눈을 즐겁게 하는 유려한 곡선형 표면의 구조물과 그것의 배열은 라이노Rhino와 그래스호퍼Grasshopper를 이용한 파라메트릭parametric 모델링의 결과물이었다. 가상현실과 증강현실을 포함하는 메타버스 개념이 주목되면서 물리적/비물리적 세계의 경계가 허물어지고 그에 따라 경관의 인식도 진화했다. 자연/도시 생태계를 가상 경관과 결합하는 디자인 전략이 등장했

나성진, '개인의 피크닉', 2018 서울정원박람회 작가정원

CA조경+유신+선인터라인건축+김영민,
'딥 서피스(Deep Surface)', 새로운 광화문광장 설계공모 당선작

다. '새로운 광화문광장 설계공모'(2019년) 당선작은 광장 앞에 늘어선 건축물의 표면을 미디어 파사드로 삼아 서울의 내사산을 투영하고선 이를 매개로 지상과 옥상의 녹지 공간을 연결했다. 조경가는 이제 살아있는 동식물의 네트워크가 생태계의 전부가 아님을 잘 알고 도시 기반시설과 가상 경관과 같은 비물리적인 것으로 시선을 확장해 테크놀로지컬한 생태계를 디자인하고 있다.[29]

이론을 잊은 조경가에게

조경 이론을 두고 지나치게 어렵다고, 경관을 디자인하는 실천 분야에 굳이 필요하냐고 묻는 이가 있다. 그도 그럴 것이 조경 이론은 그간 어려운 개념어로 거창하게 수식되어 조경 전공자에게조차 접근하기 어려

운 영역으로 여겨져 왔다. 또한 머릿속의 철학 사상으로 현실의 형상을 빚기도 하던 1980~90년대 건조 환경 분야의 이론 르네상스기를 지나, 20세기 이후의 이론은 대체로 새로운 디자인을 견인했다기보다 이미 존재하는 현상을 귀납적으로 설명해온 경향이 있었다. 견고한 이론의 체계를 갖추었다기보다 두루뭉술한 담론의 형태로 형성되었던 것도 사실이다.

그렇지만 조경 이론은 늘 유용했다. 여기 언급된 모든 키워드는 목가적 풍경이라는 고루한 관습에 도전해 새로운 아름다움과 기능을 지닌 경관을 디자인한 조경가의 전략을 설명하면서 미래 조경을 위한 실천적 대안을 제시해왔다. 선행하는 개념어로는 해석 불가능한 복잡다기한 실천이 끊임없이 펼쳐지는 지금, 조경가는 하나의 거대 담론의 늪에 빠져 시야를 좁히지 않고 현상을 제대로 꿰뚫을 수 있는 다초점 사고의 도구, 마이어의 말을 빌리자면 '새로운 경관의 언어'를 배양해야 한다.[30] 나는 그러한 새로운 언어가 조경의 전문성을 강화할 수 있다고 믿는다. 한국에서 '조경'이라는 전문 분야의 명칭은 식물 재료를 가지고 도시와 건축을 아름답게 꾸미는 협소한 의미로 대중에게 소비되고 있다. 공원과 정원 문화가 대중에게 확산되면서 조경은 누구든지 쉽게 접근할 수 있는 친숙한 분야가 되었지만 역설적이게도 그만큼 전문성은 높지 않다는 인식이 만연하다. 이론은 한 분야의 전문성, 즉 누구나 할 수 있지만 아무나 할 수 없는 영역을 구축해가는 기본 뼈대가 된다. 인접 분야와 다르게 견고하게 형성된 이론이 없었던 척박한 조경 토양에서 일궈진 여기 이 고군분투한 조경가들의 행적이 한국 조경의 50년 역사에 기록되고, 또 기억될 필요가 있다. 아직 조경에게 이론은 절실하다.

1 Linda Parshall, "Motion and Emotion in C. C. L. Hirschfeld's *Theory of Garden Art*", in *Landscape Design and the Experience of Motion*, Michel Conan, ed., Washington, DC: Dumbarton Oaks Research Library and Collection, 2003, pp.35~51.

2 배정한, "조경 설계와 회화적 자연관의 문제", 『한국조경학회지』 27(3), 1999, pp.80~87.

3 조경진, "패러노이아: 의미 과잉 속의 한국 현대 조경", 『조경과 비평: LOCUS 2』, 조경진 외 편, 조경문화, 2000, pp.131~147; 배정한, "공원의 진화, 조경의 변화: 한국 현대 조경설계와 공원의 함수", 『PARK_SCAPE: 한국의 공원』, 환경과조경 편집부 편, 도서출판 조경, 2006, pp.16~21; 최정민, "여의도공원을 통해 본 한국 현대 조경의 일상", 『PARK_SCAPE: 한국의 공원』, 환경과조경 편집부 편, 도서출판 조경, 2006, pp.308~313.

4 Myeong-Jun Lee, "Transforming Post-industrial Landscapes into Urban Parks: Design Strategies and Theory in Seoul, 1998-Present", *Habitat International* 91, 2019, 102023.

5 이명준·배정한, "숭고의 개념에 기초한 포스트 인더스트리얼 공원의 미학적 해석", 『한국조경학회지』 40(4), 2012, pp.80~81.

6 이명준·배정한, "탈산업 경관의 미학: 공장, 공원으로 변신하다", 『한국 조경의 새로운 지평』, 성종상 편, 한숲, 2021, p.260.

7 James Corner, "Landscape Urbanism", in *Landscape Urbanism: A Manual for the Machinic Landscape*, Mohsen Mostafavi and Ciro Najle, eds., London: Architectural Association, 2003, pp.58~63; James Corner, "Terra-Fluxus", in *The Landscape Urbanism Reader*, Charles Waldheim, ed., New York: Princeton Architectural Press, 2006, pp.21~33.

8 배정한, "조경설계의 새로운 지형: 다운스뷰파크 국제설계경기의 몇가지 풍경", 『환경과조경』 153, 2001, pp.68~75; 배정한, "다운스뷰파크 국제설계경기를 통해 본 조경설계의 새로운 전략", 『한국조경학회지』 29(6), 2002, pp.62~71; 배정한, "공감각의 조경미학", 『환경과조경』 166, 2002, pp.80~85; 정욱주, "쓰레기 더미의 꿈: 프레쉬 킬스 국제 설계경기 후기", 『환경과조경』 167, 2002, pp.84~89; 정욱주·제임스 코너, "프레쉬 킬스 공원 조경설계", 『한국조경학회지』 33(1), 2005, pp.93~108.

9 배정한, "조경+도시: 생성과 진화의 장", 『환경과조경』 164, 2001, pp.90~95; 배정한 "랜드스케이프 어바니즘: 건축·도시·조경의 하이브리드", 『현대 조경설계의 이론과 쟁점』, 도서출판 조경, 2004, pp.157~182; 배정한, "Landscape Urbanism의 이론적 지형과 설계 전략", 『한국조경학회지』 32(1), 2004, pp.69~79; 찰스 왈드하임 편, 『랜드스케이프 어바니즘』, 김영민 역, 도서출판 조경, 2007.

10 배정한, "서울숲 설계공모와 한국 조경설계의 변화", 『동심원 작품집 1』, 최정민 외 편, 동심원조경기술사사무소, 2016, p.37.

11 뉴 어바니즘 진영에서는 랜드스케이프 어바니즘이 신자유주의 체제에서 공간의 스펙터클과 상품화를 부추겨 공간의 불평등을 만들고 있으며, 이것은 랜드스케이프 어바니즘 진영에서 표방한 데이비드 하비 류의 마르크스 이론에 위배된다고 비판했다. Leon Morenas, "A Critique of the High Line: Landscape Urbanism and the Global South", in *Landscape Urbanism and its Discontents: Dissimulating the Sustainable City*, Andrés Duany and Emily Talen, eds., Gabriola Island: New Society Publishers, 2013, pp.293~304.

12 Mohsen Mostafavi and Gareth Doherty, eds., *Ecological Urbanism*, Cambridge, MA: Harvard University GSD with Lars Muller Publishers, 2010.

13 조경진, "한국적 랜드스케이프 어바니즘의 전망: 딜레마와 가능성", *Landscape Urbanism: The New Paradigm of Landscape Architecture and Urbanism for Green-led Regeneration in the 21st Century*, Proceedings of the International Symposium held by KILA, 2010, pp.201~226; 배정한, "랜드스케이프 어바니즘과 한국 조경", 『환경과조경』 285, 2012, pp.100~107.

14 Elizabeth K. Meyer, "The Post-Earth Day Conundrum: Translating Environmental Values into Landscape Design", in *Environmentalism in Landscape Architecture*, Michel Conan, ed., Washington, DC : Dumbarton Oaks Research Library and Collection, 2001, pp.187~244.

15 Elizabeth K. Meyer, "Sustaining Beauty: The Performance of Appearance", *Journal of Landscape Architecture* 3(1), 2008, pp.6~23.

16 위의 논문, p.17. 이후 조경설계 작품의 윤리적 성능에 대해 몇몇 조경 이론가들이 논쟁을 벌였지만 이론적으로 옳고 그름의 문제를 떠나 조경 작품의 미적인 것이 지닌 환경 윤리/교육적 가능성을 피력했다는 의의가 있다. 마이어의 지속가능한 미학에 대한 메타 담론은 다음을 참조할 것. Elizabeth. K. Meyer, "Beyond 'Sustaining Beauty': Musings on a Manifesto", in *Values in Landscape Architecture and Environmental Design: Finding Center in Theory and Practice*, M. Elen Deming, ed., Baton Rouge: Louisiana State University Press, 2015, pp.30~53; Marc Treib, "Ethics≠Aesthetics," *Journal of Landscape Architecture* 13(2), 2018, pp.30~41.

17 배정한, "Deconstructing the Dichotomy between Ecology and Art in Contemporary Landscape Architecture[현대 조경설계에서 생태-예술 이원론의 해체]", 『한국환경복원녹화기술학회지』 6(2), 2003, pp.48~56; 이상희·최재필, "'지속가능한 미'의 분석틀 수립과 수변도시비전공모에 나타난 설계요소 도출에 관한 연구", 『대한건축학회논문집 계획계』 31(2), 2015, pp.157~164; 이명준·배정한, "숭고의 개념에 기초한 포스트 인더스트리얼 공원의 미학적 해석", 『한국조경학회지』 40(4), 2012, pp.78~89.

18 한국 도시공원의 생태 디자인 전략과 이론에 관한 논의는 다음을 참조할 것. Myeong-Jun Lee, "Ecological Design Strategies and Theory for Urban Parks in Seoul, 1990s-Present", *Land* 10, 2021, 1163.

19 Nina-Marie Lister, "Sustainable Large Parks: Ecological Design or Designer Ecology", in *Large Parks*, Julia Czerniak and George Hargreaves eds. New York: Princeton Architectural Press, 2007, p.36.

20 Julia Czerniak, "Legibility and Resilience", in *Large Parks*, p.216.

21 최혜영·서영애, "리질리언스 개념을 통해서 본 설계 전략과 과정," 『한국조경학회지』46(5), 2018, pp. 44~58.

22 줄리아 처니악·조지 하그리브스 편, 『라지 파크』, 배정한+idla 역, 도서출판 조경, 2010; 국토해양부, 『용산공원 정비구역 종합기본계획(안)』, 2011, p.61.

23 배정한 편, 조경비평 봄 저, 『용산공원: 용산공원 설계 국제공모 출품작 비평』, 나무도시, 2013.

24 박윤진·김정윤, 『얼터너티브 네이처』, 미디어버스, 2016, p.217.

25 Jillian Walliss, Zaneta Hong, Heike Rahmann and Jorg Sieweke, "Pedagogical Foundations: Deploying Digital Techniques in Design/research Practice", *Journal of Landscape Architecture* 9(3), 2014, pp.72~83; 이명준, "조경 설계에서 디지털 드로잉의 기능과 역할", 『한국조경학회지』 46(2), 2018, pp.1~13.

26 18세기 풍경화식 정원의 미학 용어인 픽처레스크와 컴퓨터의 합성어. John Dixon Hunt, "Picturesque & the America of William Birch: 'The Singular Excellence of Britain for Picture Scenes'", *Studies in the History of Gardens & Designed Landscapes* 32(1), 2012, p.3.

27 Karl Kullmann, "Hyper-realism and Loose-reality: The Limitations of Digital Realism and Alternative Principles in Landscape Design Visualization", *Journal of Landscape Architecture* 9(3), 2014, pp.20~31. 사진 재료를 이용한 투시도 그래픽에서 조립 흔적이 제거되어 사진처럼 보이도록 제작된 디지털 드로잉을 '포토-페이크(photo-fake)'라는 조어로 부르기도 한다. 이명준, "포토페이크의 조건", 『환경과조경』 303, 2013, pp.82~87; Myeong-Jun Lee and Jeong-Hann Pae, "Photo-fake Conditions of Digital Landscape Representation", *Visual Communication* 17(1), 2018, pp.3~23.

28 배정한, "세로지르기, 서울숲 설계공모의 전략·매체·테크닉", 『환경과조경』 182, 2003, p.114; 김아연, "재현과 표현: 드로잉과 상상력, 공간의 삼각관계에 대한 추적", 『환경과조경』 257, 2009, pp.184~189.

29 Myeong-Jun Lee, "Ecological Design Strategies and Theory for Urban Parks in Seoul, 1990s-Present", p.14.

30 Elizabeth K. Meyer, "Sustaining Beauty: The Performance of Appearance", p.15.

설계공모의 진화와
한국 조경의 성장

최영준

설계공모의 첫걸음을 떼다

1996년 12월 18일 서울시청 본관 3층 대회의실에서 가진 여의도 광장 공원화 현상설계 응모작품 심사는 오후 2시에 시작하여 약 5시간 30분 동안 진행되었다.……상세한 심사 결과 보고 후 조순 시장으로부터 공식 발표에 앞서 일반 시민과 관련 기관 사람들의 의견을 청취해보라는 지시를 받은 관련 부서 관계자들은 판넬 40여 개를 시의회 및 영등포구 등에 전시하며 각계의 의견을 광범위하게 수렴, 1997년 1월 22일 서울시는 여의도광장 공원화 공모 결과를 신년 서울시정 업무계획 기자설명회 자리에서 전반적인 업무에 포함시켜 발표하였다.……참여 업체 대부분은 매우 뜻있고 역사적 의미를 지니는 중요한 과업이라는 점에 다 같이 공감을 하지만 현상 공모 사전 준비 특히, 공모 기간(1달여), 심사위원 구성(21명 중 설계 전문가 2인) 및 발표 시기(예정보다 1달 넘게 지연) 등에 대하여는 강도 높은 불만을 표시했다.[1]

한국 조경 50년에서 대중이 주목하는 대상지의 설계안 도출을 '설계공모'라는 이름 아래 조경 주도로 기획·실행해낸 역사의 시작점으로 1996년 여의도광장 공원화 설계공모를 꼽을 수 있다. 위 인용문이 전하는 운영상의 미숙함과 여러 논란거리는 최초였던 만큼 어설픈 구석을 드러내는 동시에 흥미롭기까지 하다. 설계공모의 태생과 결을 같이하는 선정의 공정성 논란, 참여 자격에 대한 형평성 논란, 심사위원의 조경설계 전문성 부재, 설계공모의 설계가 적절했는지 묻는 기획에 대한 의구심 등 지금도 말끔히 벗어날 수 없는 불완전함을 단적으로 읽을 수 있다.

한국 조경에서 설계공모는 몇 번의 변곡점을 지나며 괄목할 진화를 해왔지만, 최근 설계공모에서도 일련의 논란은 여전히 뜨거운 감자일 때가 있다. 공모公募는 "일반에게 널리 공개하여 모집한다"라는 뜻이다. 설계공모는 공개적으로 조경계 안팎과 사회 전반의 관심을 끌고 여론을 형성하는 사건이다. 또한 설계공모 과정은 굳은 껍데기를 벗어내고 새로운 이론적 흐름을 도입하는 전환의 계기가 되기도 한다. 조경이라는 업역과 조경가라는 직함의 시작이 1858년 프레더릭 로 옴스테드의 뉴욕 센트럴파크 설계공모 당선에서 비롯되었듯, 중요 설계공모가 조경 역사의 막을 나눌 만한 사건임은 분명해 보인다. 물론 설계공모의 여파는 가지각색이다. 파리의 라빌레트 공원 설계공모는 40년이 지난 지금까지도 언급되는 반면, 어떤 설계공모는 많은 출품작에도 불구하고 영향력 없이 스쳐 지나가기도 한다. 한국 현대 조경사 50년에서 설계공모는 30년이 채 되지 않는 길지 않은 역사를 갖는다. 이 글은 그동안 설계공모의 형식과 방법이 발전해온 양상을 파급력 있었던 몇 가지 공모를 토대로 되돌아보고, 다음 50년을 바라보는 한국 조경이 설계공모를 통해 성장할 수 있는 지점을 찾아보고자 한다.

이 글은 한국 조경 설계공모 30년의 역사를 세 시기로 구분한다. 첫 시기는 서울의 대표적 오픈스페이스에 대한 설계공모가 시작되고 설계공모의 여러 시스템을 도입한 '초기' 단계로, 앞에서 언급한 여의도광장 공원화 설계공모에서 2003년 서울숲 공모까지다. 다음 시기는 2기 신도시를 중심으로 대형 공원 및 녹지 시스템, 세종시 관련 프로젝트, 한강르네상스 사업 등에 힘입어 많은 설계공모가 열린 '융성기'다. 마지막은 2012년 용산공원 설계 국제공모 이후부터 현재까지로, 공모 절차가 개선되고 기획이 다양해진 '성숙기'다.

여의도광장 공원화 설계공모(1996년)[2]와 서울시청앞 광장조성 설계공모(2002년),[3] 서울숲 조성 설계공모(2003년)[4]는 서울을 대표하는 세 오픈스페이스를 대상으로 한 초기의 상징적 설계공모였다. 각 설계공모의 대상은 도시 오픈스페이스의 대표 유형인 공원, 광장, 도시숲이었다.

한우드엔지니어링, 여의도광장 공원화 현상설계 당선작, 1996

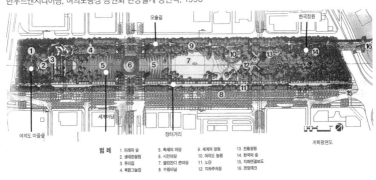

동심원조경+대우엔지니어링+조경진,
서울숲 조성 설계공모 당선작, 2003

이 세 가지 설계공모는 공개 논의를 촉발하고 현대적 설계의 전형을 제시한 일련의 사건으로 볼 수 있다. 앞에서 언급했듯 설계공모의 기획과 후속 절차는 초보 단계에 머물렀기에 다양한 문제를 공통적으로 드러내며 당선작과 크게 다른 준공 결과물을 남겼고, 심지어 당선작이 전면 취소되기도 하는 등 앞으로 반복되어서는 안 될 선례를 남겼다. 하지만 공모 당시의 설계 내용 측면에서는 기존의 관습을 벗어나는 몇 가지 진보를 이루기도 했다. 실현되지 못한 비운의 시청앞 광장 설계공모 당선작은 다른 참가작이 버리지 못한 전통에 대한 집착에서 벗어나 동시대성에 주목했고 그 현재성을 디지털 미디어로 구현함으로써 시간성과 재료를 다루는 태도를 환기하게 했다. 숲이라는 구체적 유형을 정하고 그에 맞춰 구체적 설계 지침을 제시한 서울숲 설계공모에서는 상투적인 개념 구현이나 형태 중심 설계를 탈피하고 숲 연계 프로그램과 환경생태 기능을 강조하여 실용적 기능을 부각한 '쓸모있는' 당선작이 선정되어 울림을 남겼다.[5]

융성기, 넓어진 지평과 과감한 전개

융성기의 상징적 설계공모로는 단연 행정중심복합도시 중앙부 오픈스페이스 국제설계공모(2007년)[6]를 꼽을 수 있다. '조경대잔치'라 표현할 정도로 조경이 신도시 한가운데의 주인공 역할을 하는 큰 무대가 펼쳐졌고,[7] 역대급 참여와 뜨거운 관심이 집중된 프로젝트였다. 당시 활발히 논의되며 실험 대상을 찾으려 했던 '조경이 만드는 도시'의 이상을 실현하고 대형 공원의 잠재력과 확장성을 한껏 발휘할 수 있는 조건을 갖춘 대상지였으며, 행정수도 기능을 할 세종시의 중추를 건설한다는 의미가

있었다. 도시 개념 공모부터 중앙부 오픈스페이스 공모로 이어지는 국제
설계공모의 연속 개최와 흥행 성공은 한국 조경이 본격적으로 국제화
의 길로 접어들고 있다는 점을 증명하기도 했다. 공론화, 참여 유도 이
벤트, 디자인 샤레트 등 사전 행사를 통해 관심을 집중시키고 두 단계의
탄탄한 과정을 통해 당선작을 선정하는 과정까지, 이 설계공모가 설정
한 새로운 표준은 후속 공모에 긍정적인 영향을 주었다. 반면 10년 넘는
시간이 소요된 뒤 1차 준공된 최근 모습은 설계공모가 과연 성공적이었
는지, 공모 이후의 과정은 어떠했는지 반성적 질문을 던지게 한다. 국립
세종수목원이라는 주요 프로그램이 수용되고 다양한 공원 기능이 채
워진 모습은 당초 당선작이 여백을 통해 담으려 했던 '오래된 미래'와는
다른 양상이다.

노선주, 행정중심복합도시 중앙부 오픈스페이스 국제설계공모 당선작, 2007

대표적 2기 신도시인 광교와 동탄은 여러모로 닮았다. 원천저수지와 신대저수지를 포함한 광교와 산척저수지를 중앙에 둔 동탄2신도시는 모두 호수를 둘러싸고 수계를 따라 계획된 도시인데, 일반적인 평지형 공원이 아니라 호수를 둘러싼 오픈스페이스를 신도시의 중심 체계로 삼았다. 물론 택지 개발지와 그 외 보존 및 미개발 용지를 구획하면서 개발 경제성을 최대화하는 자연스러운 결정이었을 테지만, 조경의 입장에서 보면 공원이 될 면적이 축소되어 아쉬운 결정이라고 볼 수 있다. 그로 인해 호수 공원에 대한 기대가 더욱 커진 한편, 그 차별성을 통해 도시의 이미지를 만들려는 움직임이 광교호수공원 국제설계공모(2008년)[8] 과정과 홍보에서 드러났다. 이 공모전은 국내 조경 설계공모로는 처음으로 참가의향서RFQ를 제출한 국내외 설계업체를 대상으로 초청 조경가를 선정해 지명하는 형식을 취했으며, 신도시를 대표하는 도시 브랜드가 될 '명품 호수공원'의 조성을 지향했다.

2년 뒤 진행된 동탄2신도시 워터프론트 설계공모(2010년)[9]는 호수를 비롯해 구릉과 산을 아우르는 도시계획의 틀 안에서 조경이 주도하는 방향에 따라 인접 개발지의 정체성을 제안하고 도시·건축 등과 컨소시엄을 구축해 도시설계 제안을 도출할 것까지 요구했다. 당선작을 비롯한 참가작 대부분이 수계를 존중해 도시계획의 큰 틀을 잡고, 조경가가 리드하여 경관의 미와 수처리 기능의 지속가능성을 극대화한 종합적 제안을 만들어냈다.

비슷한 시기에 진행된 파주운정지구 도시기반시설 조경설계 현상공모(2007년)[10]는 그 이름에서 알 수 있듯 도시 기반시설infrastructure을 조경의 대상으로 인식하는 태도를 반영했으며, 신도시의 생명력을 책임지

신화컨설팅, 광교호수공원 국제설계공모 당선작, 2008

씨토포스+정림건축+건화, 동탄2신도시 워터프론트 설계공모 당선작, 2010

가원조경, 파주운정지구 도시기반시설 조경설계 현상공모 가군 당선작, 2007

는 직능으로 조경의 위상이 올라갔음을 알게 해주었다. 개발 범위가 광대했기 때문에 가군과 나군으로 나눠 상세한 지침이 마련되었지만,[11] 영역 전체를 다루는 아이디어가 총괄적이고 체계적인 것에 비해 실제 구현될 설계 품질을 담보하기 어려운 계획 수준에서 제안을 그칠 수밖에 없었다는 점이 이러한 유형의 당시 설계공모가 갖는 한계였다.

2기 신도시의 대표적 설계공모와 같은 시기에 진행된 한강의 프로젝트들도 융성기 논의에서 빼놓을 수 없다. 한강르네상스 프로젝트(2006~10년)라 불린 일련의 사업은 정치적 의도가 짙었고 서해 운하 연결, 마리나 도입, 강변 고속화도로 지하화 등 무리한 시도도 있었기에 비판을 온전히 피할 수 없는 기획이었지만, 한강 주변을 자투리 공간이 아닌 하나의 공원이자 장소로 만들어간 노력이었다는 점에는 공감을 얻었다. 2006년에서 2008년까지 집약된 일정에 따라 치러진 각 지구의 설계공모는 조경 융성기의 주 무대 역할을 했고,[12] 이를 계기로 개별 둔치 공원이 프로그램과 경관적 측면에서 뚜렷한 정체성을 갖게 되어 한강공원이 서울 도시공원의 한 축으로 자리 잡아 갔다. 한강의 수변 공간은 치수를 목적으로 조성된 제방 위에 고속화도로가 놓인 구조 때문에 접근성이 떨어질뿐더러 장소성도 흐릿한 공간이었다. 다소 급진적인 시도였지만 고속 성장을 위한 인프라에 가려졌던 한강변의 가치가 한강르네상스 사업을 통해 드러났음을 지금 이곳에서 여가를 즐기는 시민들의 즐거운 표정에서 확인할 수 있다. 앞으로 보행교 등 수변 공간을 대상으로 한 설계공모가 이어짐으로써 철 지난 방식의 토목공학적 유산이 점차 개선되어 일상 환경을 더욱 중시하는 보행 중심의 한강이 되길 기대해본다.

한강르네상스와 같이 지방정부 주도의 빠른 실천력을 보여준 프로젝트는 서울시장이 바뀐 다음에도 이어졌다. 시기적으로는 용산공원 설계공모 이후지만 융성기의 양상으로 볼 만한 중요한 사례로 서울로 7017과 광화문광장이 있다. 서울역 고가 기본계획 국제지명 현상설계 (2015년)[13]는 고가도로의 구조라는 과제와 일반공모 방식의 문제를 들어 운영위원회가 지명한 7개 팀에게 컨소시엄을 구축해 설계공모에 참여하도록 했으나, 시작부터 지명 팀 선정과 프로젝트 기획의 고유성에 대한 논란이 많았고 심사 이후에도 수목원 개념을 내세운 당선작에 대한 우려와 불만이 조경계에서 특히 강하게 표출되었다. 조성 후 수년이 지난 지금, 서울로7017을 바라보는 시선은 두 갈래로 나눌 수 있다. 공중 보행로로서 서울로는 새로운 보행 경험을 선사하고 다른 개발 프로젝트와 접점을 만들며 도심의 선형 공원으로서 뿌리를 내려가고 있다. 반면, 당선작의 개념이 그대로 적용된 형태와 배열에 따라 실제 식생 환경을 조성한 공중 수목원으로서 서울로는 식물들이 뿌리를 내려가며 부작용을 낳고 있기도 하다.

설계공모 대상지가 전근대 왕조의 중심지였기 때문인지, 광화문광장은 유달리 사회적 합의가 이루어지지 않은 채 설계공모를 여러 번 거쳤으며 진행 속도와 실행 시기에 대한 논란이 계속되고 있다. 현재는 새로운 광화문광장 조성 설계공모(2018년)[14]의 당선작에 토대를 둔 설계안을 바탕으로 2022년 여름 완공을 목표로 시공 중이다. 광화문광장은 두껍게 쌓인 과거를 반영한다는 의무감과 격동의 현재 이슈들, 그리고 미래에 대응하는 가치를 모두 고려해야 하는 그야말로 가장 역사적인 땅이자 도심 한가운데 열려 있는 광장이다. 온전한 합의는 불가능에 가깝고 반대 여론을 피하기도 어려운 위치에 있다. 논란 없는 성장이 있을 수 없다는 점을 감안한다면, 한국 조경이 설계공모를 통해 광화문 앞 너른 땅에 질문을 던지며 경험한 발전은 무엇이라 볼 수 있을까. 다수의 제안과 담론에서 목표로 삼거나 정의해온 대상은 '역사적 자취'와 '광장 문화' 두 가지로 요약된다.[15] 두 가지 모두 동시대 한국의 시민들에게 낯설지 않지만 한편으로는 다가오지 않는 주제다. 그러나 동시에 피할 수 없는 주제인 것도 사실이다. 광화문광장은 조경설계에서 역사 해석의 강도와 유연성에 대해 가장 분명한 질문을 던지는 대상지다. 설계가는 조선시대 육조거리의 자취에서 자유로울 수 없는 땅의 지문을 어떻게 해석해서 드러내야 하는가, 어떤 시점까지의 과거를 역사로 존중하고 반영해야 하는가에 대한 문제를 필연적으로 마주한다. 또한 광화문광장

West8+이로재 외, 용산공원 설계 국제공모 당선작 녹지 계획, 2012

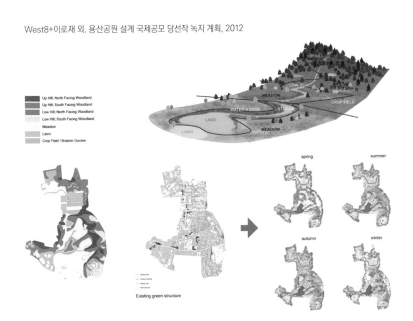

은 서구 도시에서 수입된 광장 문화를 현재 서울의 도시 맥락과 시민의
삶에 녹여내는 문제를 다루는 현장이다. 특히 광장 문화에 대한 범국민
적 인식이 전환될 정도의 정치·문화적 사건이 이어지면서 광화문광장
이 갖는 대표성이 더욱 높아졌고, 대한민국을 대표하고 자유민주주의
를 담아내는 물리적 공간으로서 광장의 위상이 요구되는 시점이다. 새
로운 광화문광장의 조성 적합성 여부를 떠나 동시대 대한민국의 도시
문화를 말하는 목소리가 시대별로 수렴하는 연속적 무대가 되어온 곳
이 광화문광장이다. 20여 년 전 서울시청앞 광장에서 매듭짓지 못하고
지난 광화문광상 설계에서도 검증되지 못한 대한민국 대표 광장의 품
격을 이곳에서 볼 수 있기를 바란다. 더욱 깊이 공감할 수 있는 경험의
축적과 성숙이 이루어지기를 기대한다.

반면, 그 어떤 추진력으로도 속도를 낼 수 없었고 그렇기에 적극적
개발 시기인 융성기에서 재생과 돌아보기의 시기인 성숙기로의 이행을
잘 보여주는 프로젝트는 용산기지 공원화다. 용산 미군 기지는 앞에서
다룬 여러 프로젝트와 달리 정치적 의지만으로 실행될 수 없는 복잡한
이해관계와 정치·군사·외교적 이슈가 얽혀있는 무거운 땅이다. 그 크기
만으로 계획하고 제어하기 버거울 정도로 거대하며 그렇기 때문에 한국
조경의 미래를 바꿔놓을 파급력이 기대되기도 하는 대상지가 용산공원
일 것이다. 미군 기지의 이전 결정 이후에도 지난한 공원화 과정이 30년
넘게 이어지고 있는 이 사업의 정점이자 큰 분기점은 용산공원 설계 국
제공모(2012년)였다.[16] 공원화를 위한 밑그림을 결정하고 구체적 설계안
을 발전시킬 출발점이 되었던 국제공모는 참가의향서 심사를 거쳐 선정
된 지명초청 8개 팀의 제안 중에서 당선작을 선정했다.

주목해야 할 점은 이 설계공모가 용산공원을 위한 첫 번째 공모도, 마지막 공모도 아니었다는 사실이다. 관심과 참여 유도를 위한 기획과 행사가 가장 많았던 단일 공원인 용산공원과 관련해서 시민 아이디어 공모, 전문가 아이디어 공모, 심지어 용산공원의 이름을 정하기 위한 공모도 있었다. 용산공원은 서울에서 다시 있기 어려울 초대형 공원이고, 그렇기에 아마도 역사상 가장 어려운 조경 프로젝트일 것이다. 다양한 행사를 통해 진행되며 자연스럽게 문화적 성숙을 이루어갈 기회이고, 지금도 그 성숙과 도전이 이어지고 있다. 국가공원이라는 직함을 최초로 받게 될 유례없는 공원이 되어가고 있으나 어떤 이들은 자연과 생태를 회복하고 모든 대중과 공유한다는 가치 대신 부동산 가치를 여전히 우선시하려고 한다. 미래 세대를 내다보고 지구 환경을 존중하는 긴 호흡의 지혜를 실천하여 온전한 용산공원을 이용하게 될 수 있기를 기대한다.

성숙기, 개선된 무대와 다양한 기획

2010년대 중반부터 현재까지를 성숙기라 부를 수 있는 까닭은 설계공모가 질적으로 완성 단계에 이르렀기 때문도, 풍부했던 융성기의 양적 공급이 줄었기 때문도 아니다. 그렇지만 적어도 설계공모를 짜고 치는 도박판과 같다고 인식해온 뿌리 깊은 편견이 사라진 것은 지난 몇 년간의 큰 문화적 진보이다. 이 같은 쇄신에 가장 큰 원동력이 된 것은 '프로젝트 서울'이라는 플랫폼이다. 프로젝트 서울은 2016년 공공 프로젝트 설계공모의 형식을 간소화하고 관련 지침과 정보를 통합 제공하는 포털사이트로 마련되어, 설계공모 사례의 축적과 공정화 및 효율성 향상에 관한 상징적 플랫폼이 되었다. 설계공모의 의도, 일정, 예산, 심사위원 명단과 기본 제공 자료를 모두에게 동등하게 공개하는 이 포털사이트는 공정함이란 투명한 정보 공개에서 시작되며 개방적 오픈 플랫폼이 한 사회의 문화를 바꿀 수 있음을 증명해냈다. 이 플랫폼과 함께 설계비 1억 원 이상의 사업에 대해 설계공모를 의무적으로 시행하도록 하는 국토교통부 건축설계 공모 운영지침 등 정책 변화로 인해 설계공모가 양성화·활성화되면서 건축가는 물론 조경가의 활로도 넓어졌다. 서울의 움직임은 전국 지자체의 설계공모 문화 개선에도 널리 영향을 미치고 있다.

최근에는 설계공모의 주제와 주체가 다양해지고 있다. 작품별 규모는 작지만 조경 분야에서 급증한 정원 공모와 정원박람회 기획은 지자체의 대규모 지역 정원으로 확장되는 양상을 동반하면서 2015년 이후 주류 설계공모의 한 형식이 되었다. 정원 설계공모와 박람회는 계절에 제약이 있는 원예의 특성상 매년 봄·가을 열리는 이벤트인 동시에 지역 축제이자 문화 캠페인으로 자리 잡아가며 진화를 거듭하고 있다. 서울 정원박람회의 예만 보더라도 서울의 대형 공원 일부 녹지를 재장소화하는 방식에서 최근에는 도시재생을 정원 문화로 성취하려는 시도(2019년, '정원, 도시재생의 씨앗이 되다')와 국제 가든쇼 개최(2020년, '정원을 연결하다, 일상을 생각하다')로 이어지고 있다.

한편 순천만국가정원은 2013년 6개월간 개최된 국제정원박람회의 성공을 계기로 2015년 9월 국가정원 1호로 지정되어 현재에 이르고 있으며, 2023년 국제정원박람회를 위한 설계공모를 준비하고 있다. 여러 지자체를 통해 실행되고 있는 정원 관련 설계공모는 모집 단위와 자격

디자인 스튜디오 loci, 오목공원 리모델링 지명 설계공모 당선작, 2021

PLAN　A 중정　B 화합형 라운지　C 피크닉 정원　D 운동시설　E 숲 놀이터　F 멀티 코트

G 음속 교실　H 숲 라운지　I 커뮤니티 센터 (관리시설/커뮤니티홀/화장실)　J 주차장

SCALE 1/500

이 학생과 일반 시민부터 기성 조경가와 신진 조경가에게까지 넓게 열리는 형식을 유지함으로써 진입 문턱을 낮추고 조경가의 층을 두텁게 했다는 평가를 받고 있다. 서울시가 주최한 72시간 도시 생생 프로젝트(2012~2021년)는 최초의 참여적 디자인빌드 설계공모라는 점에서 큰 의미가 있다. 설계에 그치지 않고 기획과 시공까지 경험해보는 시민·학생 참여형 이벤트를 통해 조경에 관심 있는 많은 학생이 학교에서 경험하기 어려운 실제 조경 현장을 겪을 수 있었다. 이 프로젝트는 양질의 조경 공간이 만들어내는 점적인 변화가 도시 공간에 긍정석 파급력을 발휘할 수 있음을 현장으로 증명했다는 평가를 받고 있다.

도시재생과 조경 설계공모는 공원 재생, 즉 리노베이션에서 접점을 마련한다. 2021년 목동의 중추인 양천구 5대 공원—양천공원, 파리공원, 오목공원, 신트리공원, 목마공원—의 리모델링을 위한 연속적 설계공모 기획이 실행되었고,[17] 여의도공원의 리노베이션을 위한 설계공모가 예정되어 있다. 앞으로 이어질 여러 공원의 재생 과정에서 수십 년간 뿌리내린 공원의 운명이 부동산적 가치 판단이나 정치적 의도에 좌우되기보다 공원의 생명을 장기적으로 연장하고 시민의 일상과 문화를 성숙하게 하는 정책적 제어가 필요해 보인다.

디지털 기술의 발전은 설계공모를 새로운 단계로 이끈다. 물리적 대상지 없이 가상의 영토인 메타버스에서 경관을 만들어내는 설계공모가 진행되기도 하고, 설계공모의 제출 형식이나 표현 방법, 심사 방식도 디지털 파일만으로 간소화되는 추세이다. 영상을 비롯한 디지털 미디어의 제작과 소비가 대중화되면서 패널이라 부르던 설계공모의 상징물 위에 백분의 일보다 작은 규격으로 그려지던 마스터플랜은 이제 두 손가

제2회 환경조경대전 당선작, 'Marbling Trace', 2005

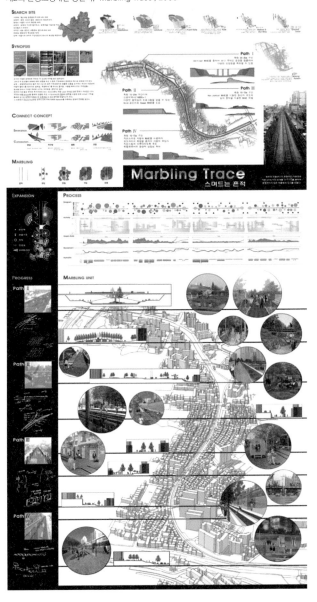

락으로 쉽게 키우고 줄일 수 있게 되었다. 가상현실을 통해 제안된 공간을 경험하고 평가할 수 있는 시대가 팬데믹 시대를 겪으며 더욱 가까워졌다.

마지막으로 한국 조경 50년 중 지난 20년 동안 뜨거운 참여가 지속된 설계공모이자 조경학도의 꿈을 이끌어온 대한민국 환경조경대전(2004~2022년)을 빼놓을 수 없다. 환경조경대전은 매해 주제가 달라지기 때문에 당시 조경의 관심사를 뚜렷하고 기민하게 반영함으로써 한국 조경이 주목한 매해의 헤드라인 이슈를 되짚어볼 수 있다.[18] 사실 학생공모뿐 아니라 모든 설계공모는 당대의 사회적 요구와 정치적 상황을 기획의 근간에 깔고 있으며, 학문적 분위기와 업계의 디자인 경향을 결과물에 반영하기 마련이다. 때로는 유행을 따르는 유사한 결과물들이 제출되기도 했고, 기존 절차를 답습한 기획의 설계공모에서는 그러한 양상이 특히 더 확연했다. 주목할 만한 설계공모는 기획 단계에서 '복사하기-붙여넣기'를 하지 않고 프로젝트의 고유성을 존중하는 절차를 따라 만들어진다. 설계공모 기획자의 선 설계, 참여자의 본 설계, 관람자의 설계관이 모두 창의적이고 참여적이고 열성적인 태도를 지닐 때, 다음 단계로 나아가는 조경의 큰 걸음을 기대할 수 있을 것이다.

얼마 전 여의도공원 시민 아이디어 공모가 공고되었다. 포털에 검색해 보니 공고 페이지 아래 보이는 서울시정 홈페이지의 링크는 여의도공원 활성화 사전 계획 용역에 대한 제안서 공모를 연결하고 있다. 시민 아이디어 공모라는 이름이 이제는 비전문가인 시민들에게도 전혀 낯설지 않고, 한 번의 검색으로 발주 부서의 의도를 가늠할 수 있다. 글 서두에 제시한 30년 전 모습과 완전히 다른 문화가 친숙한 지금은 설계공모가 일상인 시대이다. 설계공모가 가뭄에 콩 나듯 했던 2007년 이전에는 설계의 격을 가격과 자격으로만 판단했다. 최저가로도 용역을 제공할 의향이 있거나 PQ라 불리는 경력 총합의 양적 대결에서 우위에 있을 때 기회가 주어지던 시기였다. 설계공모와 같은 경쟁이 없다는 것은 경쟁력 없음의 다른 표현일 뿐이다.[19] 연예계 오디션 프로그램만큼이나 설계공모를 일상으로 접하게 된 오늘날의 조경은 앞에서 살펴본 설계공모들을 통해 양적 성장과 질적 성숙을 거치며 경쟁력을 집적해왔다. 한국 조경은 새로운 50년을 앞두고 있다. 건강한 설계공모가 기획되고 활성화되어 공공 공간에 대한 생각을 모으고 외형을 가다듬는 중심이 되기를 바란다. 나아가 설계공모가 아름답고 건강한 국토의 지형을 그려나가는 무대가 되기를 기대한다.

1 환경과조경 편집부, "여의도공원 설계공모 소개 글", 『환경과조경』 107, 1997, pp.143~151.

2 당선자: 한우드 엔지니어링

3 당선작: 빛의 광장, 당선자: 서현(당시 한양대 교수)·인터시티 건축사사무소

4 당선작: 서울숲, 당선자: 동심원조경기술사사무소·대우엔지니어링·조경진(당시 서울시립대 교수)

5 이상민·조정송, "서울숲 조성 설계공모에 대한 비판적 연구", 『한국조경학회지』 2(31), 2004, pp.15~27.

6 당선작: Ancient Futures(오래된 미래), 당선자: 노선주

7 최영준, "조경대잔치, 잔치는 끝나지 않았다", 『봄, 디자인 경쟁시대의 조경』, 조경비평 봄 편, 도서출판 조경, 2008, pp.164~171.

8 당선작: 어반 소프트파워(Urban Soft Power), 당선자: 신화컨설팅

9 당선작: 청림정현(淸林靜賢), 당선자: 씨토포스·정림건축·건화 컨소시엄

10 가군 당선작: 7 Esplanades, 당선자: 가원조경기술사사무소 / 나군 당선작: PnP PARK, 당선자: 기술사사무소 LET

11 가군 당선작인 가원의 '7 Esplanade'는 7개의 다른 수계를 따르는 선형 녹지의 특색을 규정하고 있으나 구체적인 설계 내용은 다소 추상적인 전략 개념으로 다루었다. 나군 당선작인 비욘드의 'Plug n Play' 또한 대상지의 특수성을 전 영역에 온전히 표현하지 않는 대규모 대상지를 다루는 전략을 취하고 있다.

12 반포한강공원조성 및 무지개분수설치(2007년 8월), 여의도한강지구 공모전(2007년 11월), 한강공원(잠실·이촌·양화) 특화사업 현상공모(2009년)

13 당선작: 서울 수목원(Seoul Arboretum), 당선자: MVRDV

14 당선작: Deep Surface: 깊은 표면, 당선자: CA조경기술사사무소·유신·김영민(서울시립대 교수)·선인터라인 건축사사무소 컨소시엄

15 '새로운 광화문광장 조성 설계공모'의 지침서는 이례적으로 기본적인 설계안의 범위 바깥에 해당하는 내용을 요구했다. 상충하는 질문들에 대한 답변을 설계안과 함께 요청한 것이다. 이러한 사실은 그만큼 광화문광장을 둘러싸고 대립되는 입장과 지향이 공존하고 있음을 드러낸다.

16 당선작: Healing: The Futre Park(미래를 지향하는 치유의 공원), 당선자: West 8+이로재+동일기술공사 컨소시엄

17 양천공원과 파리공원은 일반입찰 방식으로 발주되어 현재 시공이 완료되었고, 오목공원은 지명설계공모로, 목마공원과 신트리공원은 하나의 기획으로 묶어 일반 설계공모로 진행되었다. 두 차례 설계공모의 개요는 다음과 같다. 오목공원 리모델링 지명 설계공모, 당선작: 어반 퍼블릭 라운지(Urban Public Lounge), 당선자: 디자인 스튜디오 loci / 목마·신트리공원 맞춤형 리모델링 현상설계공모, 당선작: 오늘의 문화, 내일의 공원, 당선자: 바이런·Studio201

18 대한민국 환경조경대전의 역대 주제를 열거하면 다음과 같다. 회고와 전망: 우리시대 조경의 새로운 가능성을 찾아서(2004), 다이내믹 랜드스케이프: 역동하는 경관, 생산하는 경관(2005), 도시+재생(2006), 도시인프라-조경을 만나다(2007), 작동하는 조경(2008), 길(2009), 공원도시(2010), 녹색인프라도시(2011), 경계의 풍경, 그 경계를 넘어(2012), 열린정원(2013), 공공복지(2014), 근대문화유산의 공간에 대한 조경적 접근(2015), 기후변화와 조경의 역할(2016), 광장의 재발견(2017), 도시재생과 미래의 조경(2018), 도시공원의 안과 밖(2019), 포용도시(2020), 건강도시와 조경(2021), Re:Public(2022)

19 최정민, "조경설계공모, 무용론과 대안", 『환경과조경』 338, 2016, pp.84~87.

살아있는 과거, 전통의 재현

임한솔

전통의 힘

계승과 단절, 구속과 탈피, 창조와 발명. 전통과 함께 곧잘 쓰이는 술어들이다. 국어사전은 전통을 "어떤 집단이나 공동체에서, 지난 시대에 이미 이루어져 계통을 이루며 전하여 내려오는 사상·관습·행동 따위의 양식"이라 정의한다.[1] 그러나 전통의 의미는 이보다 복잡하고 첨예한 지점에 놓여 있다. 가다머는 전통을 인간의 역사적 현재에 영향을 미치는 작용이라 말했다.[2] 즉 전통은 과거에 기인하지만 머물러 있지 않다. 전통은 수동적으로 '살아남은 과거'라기보다 능동적으로 '살아있는 과거'라 말할 수 있다.

그러나 전통이 살아있는 방식은 문화의 정수로서 '살아남은 이미지'를 배제하지 않는다. 레이먼드 윌리엄스는 전통을 "가장 강력하고 실천적인 통합 수단"이라 말했다. 그에 따르면 전통은 누군가에 의한 "의도적이고 선별적인 해석이며, 사회·문화적인 정의와 정체성 설정 과정에 강력한 작용"을 하는데, 그 원인은 가족, 신분, 제도, 언어처럼 사람들이 늘 겪고 있는 실천적인 연속체와 전통이 결부되어 있기 때문이다.[3] 전통이라는 단어가 문화를 매개로 국가, 민족과 쉽게 연결되는 까닭이 여기에 있다. 이러한 맥락에서 전통은 단순한 전달과 계승을 넘어 존경과 의무의 감각을 동반하며, 무언가를 권고하거나 승인을 촉구하기 위해 사용되기도 한다.[4]

전통의 영향력이 현실 체험에 기반한다는 통찰에도 불구하고 전통은 현실과 동떨어져 있다는 혐의에서 자유롭지 못하다. 과거에서 현재로 장기간 이어져왔다는 통념과 달리 전통의 시대적 배경이 손에 닿지 않을 정도로 오래된 과거인 경우가 많기 때문이다. 이러한 생각은 모더니즘과 관계가 있다. 산업화를 기준으로 시대를 전통과 현대로 나누고 후자를 우위에 두는 사고방식은 근대를 옹호하는 사람들에게 익숙하다. 물론 이러한 관점은 반박의 여지가 많지만, 피식민 국가의 입장에서 급격히 근대를 겪은 우리나라의 경우 근대라는 시기가 전통의 단절과 밀접하다는 점만큼은 부인하기 어렵다.

전근대/근대 사이의 빗금 못지않게 전통의 영향력과 비현실성을 자아내는 요인은 앞에서 언급했듯 전통에 의도와 실천이 깃들어 있다는 점이다. '만들어진 전통' 혹은 '전통의 발명'[5]이라는 역설적 표현은 전통이 오히려 현대적일 뿐 아니라 새롭게 만들어지는 대상일 수 있음을 잘 드러낸다. 게다가 전통은 기억, 복고, 레트로 등 과거를 끌어오는 다른 관념과 달리 주관과 취향의 문제를 슬쩍 우회하여 정통과 권위를 바로 끌어오는 강력한 성질을 띤다. 따라서 누가 어떻게 다루는지에 따라 천차만별의 양상을 보이기도 한다. 가령 무언가를 비판할 때 전통은 '묵은'이나 '과거 지향적'이라는 수사와 함께, 또는 '전례가 없다'거나 '이질적'이라는 수사와 함께 동원되어 엄청난 위력을 발휘한다.[6] 이와 같은 전통의 존재와 힘을 인정한다면 문제는 방법이다. 전통을 어떻게 하면 현명하고 합리적으로 다룰 수 있을까. T. S. 엘리엇에 따르면 전통은 단순히 유산으로 물려받을 수 없으며 큰 힘을 들여야 얻을 수 있다.[7] 지난 50년간 한국 조경은 전통의 힘을 발휘하기 위해 어떠한 힘을 들여왔는지, 그 궤적과 실천의 양상을 살펴보자.

한국 조경의 전개와 전통

한국 조경의 시작을 대개 1972년으로 보고 있지만, 문화재와 관련해 그보다 일찍 조경이라는 용어가 사용되었다고 전한다. 정재훈은 박정희 대통령이 1960년대 문화재와 유적지 정비와 관련해 '조경'이라는 용어를 공식적으로 썼다고 회고했으며, 여기에 근거해 "문화재를 정비하면서 조경이라는 용어와 업역이 동시에 생겼다"라고 보는 견해도 있다.[8]

시기의 문제를 차치하더라도 초창기 조경이 국토개발 못지않게 민족주의 문화 정책을 양분 삼아 성장했음은 널리 알려져 있다. 현충사(1966, 1972년), 도산서원(1969년), 오죽헌(1974년), 창덕궁 후원(1975년), 소쇄원 제월당(1976년) 등의 정비공사를 비롯해 보길도 부용동 유적(1972년), 경주 안압지(1975년) 등의 연구와 발굴조사를 통해 한국 조경의 전통을 찾아내려는 시도가 연이어 진행되었다. 1970년대 한국 조경에서 전통은 재현보다는 발굴과 해석의 대상이었다고 볼 수 있다.

1980년에 한국정원문화연구회—1982년 한국정원학회, 2004년 한국전통조경학회로 개칭—가 창립되면서 전통의 연구가 활성화되는 한편, 1980년대 있었던 다수의 국가적 프로젝트에서 전통 혹은 한국성의 재현이 중요한 문제로 부상했다. 1986년 아시안게임을 위해 아시아선수촌과 아시아 공원이 조성되었고 예술의전당도 이때 완공되었다. 1987년 파리공원 이 완공되었으며, 1988년 서울 올림픽을 위해 올림픽선수촌과 올림픽 공원이 조성되었다. 이 외에도 국가 주도 조경 프로젝트가 다수 발주되 었는데, 1980년대의 설계 특징에 대해 정영선은 "아시아 공원에서부터 KAIST 단지, 엑스포에 이르기까지 우리는 어떠한 형태로든 한국적인 공간의 표현을 최우선 과제로 삼았고 전통 공간의 현대화에 주력코자 했다"라고 회고한 바 있다.[9]

"발전과 다양화"[10]로 요약된 바 있는 한국 조경의 1990년대에는 전 통 실천의 성과와 한계, 가능성을 엿볼 만한 몇 가지 사건이 있었다. 1992년 '조경, 전통과 창조Tradition & Creation in the Landscape'라는 주제 로 서울, 경주, 무주에서 세계조경가협회IFLA 총회가 개최되었다. 이 세 계조경가대회는 한국에 조경이 도입된 지 20년 만에 성사된 것으로 한 국 조경의 정체성을 확립하고 성과와 우수성을 해외에 알린다는 명목 으로 진행되었다. 조직위원회는 대회와 발맞추어 전통 조경의 연구 성 과를 유형별로 정리한 단행본을 한영 대역본으로 출간했다.[11]

세계조경가대회가 내세웠던 '전통과 창조'의 조화가 1990년대에 이 룬 성취는 여의도공원과 희원이라는 두 작품을 통해 가늠할 수 있다. 1996년 설계공모가 진행되어 1999년 완공된 여의도공원 설계는 전통 과 생태라는 두 개념의 조합을 바탕으로 했으나 피상적 차원에 머물렀 다는 비판에서 자유롭지 못했다.[12] 한편 1997년 호암미술관에 조성된 희원熙園은 전통의 현대적 재현을 지향한 드문 프로젝트였다. 이 작품은

경주 안압지와 서울 올림픽 공원 사진이 수록된
1992년 IFLA 포스터

기존의 사례와 연구를 토대로 전통 조경의 요소와 원리를 종합해낸 것
으로 많은 주목을 받았다. 1997년은 창덕궁과 후원이 유네스코 세계
문화유산으로 지정된 해이기도 했다. 같은 해 『환경과조경』 7월호에 전
통과 한국성을 고민하는 특집 지면이 마련되기도 했으며, 희원의 조성
은 후대의 꽃박람회에서 한국 정원을 조성하는 배경으로 작용하기도
했다.[13] 요컨대 1990년대 한국 조경의 전통 실천은 설계에 전통 요소를
피상적으로 도입하는 양상이 이어지는 동시에 희원으로 대변되는 원리
의 탐구가 가능성을 보였다고 할 수 있다.

　연구 성과가 축적되며 양식에 대한 고민이 정리되어가는 한편, 2000
년대 이후의 전통 실천은 비판과 대안 모색을 향하고 있다. 2000년 한
국전통문화대학교가 개교하면서 최초로 전통조경학과가 개설되었으며,

산수화 풍으로 그려진 용산공원 계획 조감도

용산공원

현대 조경의 전통 재현 양상을 다룬 비판적 논고가 다수 발표되었다.[14] 국제무대에 한국성을 드러내는 현장으로서 다수의 조경 프로젝트가 이루어지는 양상도 주목할 만하다. 파리 서울공원 설계공모(2000년)를 시작으로 해외에 30개가 넘는 한국 정원이 조성되었으며,[15] 2010년대 정원박람회 열풍과 함께 전통을 소재로 한 주제정원과 작가정원이 다수 등장했다. 2012년 국제 설계공모 당선작을 바탕으로 2018년 기본설계가 완성된 용산공원의 설계안에서도 전통과 한국성에 대한 고민은 이어진다. 용산공원은 첫 번째로 지정될 국가공원으로서 한국적 경관의 재현을 과제로 설정하고 있다. 설계안에서 '한국'은 중첩되는 산의 능선, 풍경이 비치는 연못 등으로 경관화되었고 수묵화 기법을 응용하여 산수를 강조한 조감도가 작성되기도 했다. 뒤에서 살펴보겠지만 이 외에도 산수의 시스템에 주목하거나 전통 문양을 이용해 패턴을 만드는 등, 한국 조경의 전통 실천은 다양한 방식으로 계속되고 있다.

전통을 재현하는 조경

조경 실천의 측면에서 전통을 재현하는 가장 일반적이고 직접적인 방법은 복제다. 창덕궁 후원의 부용지나 영양 서석지처럼 전통 조경의 특징적 형태를 간명하게 드러내는 유적이 국내외 전통 정원에서 그대로 재현되었다. 완결된 구성을 복제하지 않더라도 누정과 네모난 못方池, 화계와 담장, 굴뚝과 석물처럼 전통 조경의 요소로 인식되는 시설물을 설계에 도입해 전통을 표방한 사례는 매우 많다. 전근대 작품이나 요소를 모방하거나 차용하는 경향은 한국 조경 초창기부터 현재까지 널리 쓰이는 방식이다. 예컨대 여의도공원(1999년)과 일산호수공원(1999년)[16]부터 최근

조성된 서울식물원(2019년)과 국립세종수목원(2020년)에 이르기까지 대
규모 오픈스페이스 한켠에 전통을 주제로 영역을 설정하고 전통 요소를
도입한 사례가 다수 확인된다.

가시적 현상을 넘어서 전통의 내적 원리를 재현하려는 시도도 있었
다. 이러한 유형의 대표작은 단연 희원(1997년)이다. 미학자 조요한은 희
원이 전통을 성공적으로 계승한 까닭을 "첫째, 차경의 원리에 따라 앞
과 뒷산을 전망할 수 있게 했고, 둘째, 호암정에서 발원하여 방지를 지
나 소지로 흐르는 계류가 자연스럽다. 셋째, 후원에 화강암 장대석으로
긴 화계를 쌓고 그 위에 전돌담을 둘러 장독대 등 아늑한 공간을 마련
하여 전통적인 한국의 정원미를 일단 훌륭하게 조성했다"라고 정리했
다.[17] 다시 말하면 희원은 대지 밖 자연 경관을 적절히 끌어오고, 대지

산과 호수를 차경하는 희원의 전경

77

내 인공 지형이 자연스러우며, 전통적 생활 공간의 고유한 분위기를 자아낸다는 점에서 높게 평가받았다. 이러한 해석과 관련하여 희원의 설계자인 정영선(조경설계 서안)은 한국 정원의 특징을 자연-건축-정원의 경계 넘나듦으로 파악한 후 그 넘나듦의 실제를 터의 중시, 바라보는 대상과의 관계 설정, 점진적인 시각 전개 등으로 설명했다.[18] 희원에 반영된 전통의 재현은 요소의 차용에 그치지 않고 구성의 미학을 제시하는 차원으로 나아갔다고 볼 수 있다.

희원이 전통을 당대인의 시각으로 돌이켜보려 한 시도라면, 오피스박김이 '산수전략山水戰略'이라 이름 붙인 일련의 작업 태도는 전통을 현대인의 시각으로 재고하는 시도라고 평가할 수 있다. 박윤진에 따르면 산수전략은 첫째 산과 물을 다루는 기술, 둘째 동시대 라이프스타일을 포함한 지형과 경관의 문맥 회복, 셋째 대체 자연의 가능성 모색으로 요약할 수 있다.[19] 오피스박김은 대상지의 정체성과 잠재력을 '원생 경관'으로부터 포착해낸다는 점에서 희원의 작법과 유사한 출발을 보이지만, 이를 있는 그대로 빌려오기보다 프로그램과 지형 조작, 즉 '시학적 복원'의 근거로 설정한다는 점에서 다르다.[20] 가령 양화한강공원에서 오피스박김은 한강의 모래사장을 그린 정선의 산수화에서 출발하여 수위에 따라 물과 뭍의 경계가 달라지는 수변공원을 설계한다. 이 시도는 원생 경관을 도시공원의 일상과 마주하게 함으로써 독특한 경관 경험과 수문학적 관리 프로세스를 창출해낸다. 이러한 전략이 전통의 우산 아래 온전히 담길지는 보론이 필요하겠지만, 두 경우 모두 한국에서 자연과 인간이 관계 맺는 고유한 방식을 정체화했다는 점에서 의미가 있다.

앞에서 현상의 복제와 원리의 구현에 해당하는 유형을 제시했다면,

오피스박김의 산수전략이 적용된 양화한강공원. 한강 수위에 따라 경관이 변화하는 모습

끝으로 제시할 유형은 창발적 변용이라 할 수 있다. 오피스박김의 사례를 이어가 보면, 현대캐피탈 배구단 복합훈련캠프(2013년) 조경 설계에서 한국 전통 조경의 대표 양식인 네모난 못은 완전히 다른 재료와 기법으로 재구성된다. 한옥의 배치 구조를 본딴 인근의 현대 건축물에서 외피로 쓴 익스펜디드 메탈을 못의 바닥으로 쓰고, 그 위에 일렁이듯 물결을 흘러내리게 한 '여울의 못'은 단순하게만 보이던 전통 양식의 본질과 가능성을 되묻게 한다. 또다른 변용의 양상으로 에어부산 김해 사옥 옥상(2017년)에서 전통 창호의 창살 문양을 응용한 패턴 디자인이 있다. 이 프로젝트에서 옥상의 측면과 상부에 설치된 구조물은 주변 산수를 바라보는 창호인 동시에 태양과 조응하는 그림자-전통문양으로서 이용자의 감각을 건드린다.

재료와 기법, 스케일과 배치 등을 달리해 전통의 무게감을 덜어내고 응용의 여지를 확장하는 시도는 점차 증가하고 있다. 바이런의 근작인 파리공원 리노베이션(2022년) 설계안에서 반원형 공간의 사이를 가로지르는 선형 광장의 패턴은 동아시아 고대 경전 중 하나인 『주역』의 괘卦

현대캐피탈 배구단 복합훈련캠프

에어부산 옥상

리노베이션 전(왼쪽)과 후(오른쪽)의 파리공원.
중심을 이루는 광장의 패턴 디자인에 『주역』의 괘 모양을 응용했다.

모양을 파라메트릭으로 재구성한 결과물이다. 리노베이션 이전의 파리
공원에서 태극과 일월오봉도 등의 상징 요소가 보다 직접적인 방식으로
끌어 쓰였다면, 리노베이션 설계안에서는 한 단계 더 추상화되어 설명
이나 유추의 과정을 거쳐야 인식되는 방식으로 변용되었다.

미래의 전통

전통은 과거에 기반하지만 현재에 결착되어 있고, 강한 영향력을 발휘
하지만 손쉽게 비판을 불러일으키는 역설적 주제다. 전통을 맹목과 무
관심으로 대하기보다 복잡한 현실 문제의 투쟁장이자 그 너머의 지평에
다가서는 계기로 대한다면 예상치 못한 깨달음과 새로운 성취를 얻을
가능성이 열린다.

국가 권력이 민족주의 시각 아래 지원했던 한국 조경 초창기의 전통 실천은 대체로 정통과 권위의 시각에서 국가적 정체성을 찾는 데 집중하는 경향이 강했다. 이는 관 주도 사업이 대부분을 차지하는 조경 분야의 특성과도 관련이 있다. 민족주의적 맥락은 크게 다르지 않지만 민중의 차원에서도 활발한 예술 실천이 이루어졌던 연극이나 미술 분야를 떠올리면 그 차이를 알 수 있다. 연구 성과가 쌓이고 양식에 대한 고민이 진전을 이룬 1990년대를 거쳐 도시·환경에 대한 사회적 요구가 심화되고 표현 매체로서 조경의 성격이 강화되는 2000년대부터 또다른 양상이 전개되었다. 정원 문화의 확산과 공공 공간의 질적 향상, 그리고 설계가와 클라이언트를 포함한 조경계의 성장은 전통을 경유한 창발적 시도들을 자아내고 있다. 한국 조경의 전통 재현에 대해 아쉬움을 표한 2000년대 이후의 비판들은 오히려 전통에 대한 기대와 가능성을 방증한다고도 볼 수 있다.

전통의 힘은 주체가 누구인지, 무엇을 꾀하는지에 따라 크게 달라진다. 초창기 한국 조경의 전통 실천이 국가적 정체성의 확립과 정수의 발굴에 많은 비중을 두었다면 앞으로의 전통 실천은 로컬과 다원성, 발견과 재해석의 차원에 더 주목할 것으로 생각된다. 글의 뒷부분에 제시한 사례에서 잘 드러나듯, 전통의 재해석은 시간성을 소환하는 감각적 도구이자 역사를 재고하는 수단이다. 익히 알려져 있는 한국 전통 조경의 특징을 다시 상기해보자. 산수를 가까이 여기고 중시하며 경관 조작의 범위를 대지 경계에 국한하지 않는 특유의 자연 존중과 외향성은 현대 조경의 레토릭이자 메타포로 쓰일 여지가 크다. 이후의 50년 동안 새롭게 발명될 한국 조경의 전통을 기대한다.

1 국립국어원, 『표준국어대사전』, https://stdict.korean.go.kr (2022.2.28. 21:00)

2 다케다 스미오, "전통", 『현상학사전』, 기다 겐・노에 게이이치・무라타 준이치・와시다 기요카즈 편, 이신철 역, 도서출판비, 2011.

3 레이먼드 윌리엄스, 『마르크스주의와 문학』, 박만준 역, 지식을만드는지식, 2009, pp.187~188.

4 레이먼드 윌리엄스, 『키워드』, 김성기・유리 역, 민음사, 2010, p.484.

5 에릭 홉스봄, "서장: 전통들을 발명해내기", 『만들어진 전통』, 에릭 홉스봄 외 저, 박지향・장문석 역, 휴머니스트, 2004, pp.17~43.

6 레이먼드 윌리엄스, 만준 역, 『마르크스주의와 문학』, p.189.

7 한국문학평론가협회 편, "전통", 『문학비평용어사전』, 국학자료원, 2006.

8 최기수, "조경 실무 30년의 리뷰, 그리고 제언", 『한국의 조경 1972-2002(한국조경학회 창립 30주년 기념집)』, 한국조경학회, 2003, p.67.

9 정영선, "설계경기의 한 이면사 되돌아 봄, 그리고…", 『한국 조경 설계경기 작품집』, 한국조경사회 편, 도서출판 조경, 2000, p.247.

10 배정한, "한국 조경의 변화와 주요 작품", 『한국조경의 도입과 발전 그리고 비전: 한국조경백서 1972-2008』, 환경조경발전재단 편, 도서출판 조경, 2008, p.208.

11 1992 IFLA 한국조직위원회 편, 『한국전통조경』, 도서출판 조경, 1992.

12 배정한, "공원의 진화, 조경의 변화: 한국 현대 조경설계와 공원의 함수", 『Park_Scape 한국의 공원』, 월간 환경과조경 편집부 편, 도서출판 조경, 2006, pp.18~19; 배정한, "친환경 시민 공간의 조성", 『서울도시계획사: 제4권 지방자치시대의 도시계획』, 박명호 외 편, 서울역사편찬원, 2021, p.207.

13 정영선, "되돌아본 한국 조경의 30년", 『한국의 조경 1972-2002(한국조경학회 창립 30주년 기념집)』, p.115.

14 전통의 재현 양상을 '키치'로 표현한 홍형순 등의 논고와 다양한 각도에서 관련 실천의 양상을 비판한 남기준의 논고를 예로 들 수 있다. 홍형순・이유경・김도경, "전통조경요소의 키치적 변용과 그 양상", 『한국정원학회지』 20(4), 2002, pp.66~78; 남기준, "진부한 여전한 답답한, 전통", 『봄, 조경 사회 디자인』, 조경비평 봄 편, 도서출판 조경, 2006, pp.136~151.

15 해외의 한국정원은 2015년 기준으로 21개국에 41개소가 조성된 것으로 알려져 있다. 이 정원들의 조성 연한은 1990년대까지 9개소, 2000년대 13개소, 2010년대 19개소로 조사되었다. 한국조경사회, 『해외 한국정원 조성현황 및 관리방안 연구』, 산림청, 2015.

16 일산호수공원은 1996년에 조성되었으나 전통 정원은 1999년에 추가로 조성되었다.

17 조요한, 『한국미의 조명』, 열화당, 1999, p.295.

18 정영선・서세옥・윤후명・김정옥・지근화・장상길, 『하늘과 맞닿은 아름다움, 희원』, 삼성문화재단, 2004, pp.12~27.

19 박윤진・김정윤, "자진감리, 양화한강공원에 관한 몇 가지 소고", 『환경과조경』 322, 2015, p.126.

20 박윤진・김정윤, "산수전략, 원생경관의 시학적 복원", 『환경과조경』 245, 2008, pp.142~145.

한국 조경과 식물의
어긋난 관계

고정희

풍경 오디세이

50년 전 한국 조경이 태동한 과정을 보면 아테나 여신의 탄생 신화가 떠 오른다. 아테나는 아버지 제우스 머릿속에서 완전무장한 상태로 뛰어나왔다고 한다. 태 속에서 곱게 자라다 세상에 나와 걸음마를 배워가며 성장한 것이 아니라, 투구를 쓰고 방패와 창을 든 늠름한 여전사의 모습으로 삶을 시작한 것이다. 50년 전 청와대는 한국조경학회, 대학 조경 교육 등의 제도를 만들고 대형 사업까지 챙겨주며 조경의 등을 떠밀어 세상에 내보냈다.

고대 그리스 신화의 매력은 신들이 결함투성이라는 점이다. 바로 거기에 무한한 이야기의 실마리가 있다. 아테나 여신의 무장만 보더라도 갑옷이 매우 부실하다. 불사의 여신이었기에 문제가 되지는 않았겠으나 어깨만 조금 덮은 수준에 불과하다. 한국 조경에서 부실한 갑옷에 해당하는 것을 찾는다면 바로 식물과의 소원한 관계일 것이다. 식물과의 관계 형성은 긴 시간과 경험을 요구한다. 한국 조경에는 그 시간이 주어지지 않았다. 중무장시켜 세상에 내보낼 때 식물과 더불어 성장할 수 있는 시간을 주지 않았다. 50년의 세월이 흘렀음에도 아직 스스로 접점을 찾지 못한 데에는 그만한 까닭이 있을 것이다.

이런 상황에서 한국 조경의 식재 디자인이 어떻게 변화해 왔는지 그 자취를 추적하는 것은 환영을 쫓는 것과 다를 바 없을 것이다. 식재 디자인을 단순하게 식물을 배치하는 것으로 보지 않고 조경으로 일궈내는 풍경의 시스템을 디자인하는 것이라고 전제한다면 한국 조경에서는 아직 식재 디자인이 제대로 출발하지 않았다고 감히 말할 수 있기 때문이다. 식물이 조경에서 큰 역할을 못 하게 된 원인, 그리고 지금까지 접점을 찾지 못한 까닭을 먼저 추적하는 게 우선이다. 이를 위해 이 책에 실리는 한국 조경 대표작 50선을 먼저 살펴보았다. 처음에는 이 작품들을 분석해보면 답을 얻을 수 있을 것으로 여겼다. 그런데 작품을 살펴보는 과정에서 깐깐한 의구심이 고개를 들었다. 대표작 50선이 아무리 출중하다 하더라도 식물과의 소원한 관계를 여실히 반영하고 있으므로 허상을 쫓는 무의미한 일이라는 의구심이었다. 식물을 심었다고 해서 조경과 식재 디자인의 관계가 밀접하다고 볼 수는 없는 일이다.

조경이란 멀쩡한 자연 풍경을 훼손한 뒤에 덮어씌운 제3의 풍경이다. 다행히 내 기억 속에는 한때 멀쩡했던 조경 이전의 풍경이 자리 잡고 있다. 한국을 오래 떠나 살아 그 풍경은 마치 아무도 찾지 않는 변두리 사진관의 액자처럼 기억 속에 비스듬히 걸려있다. 그 뒤에 만난 조경 이후의 낯선 풍경, 이들을 비교해 보면 어떤 답을 얻을 수 있지 않을까. 그래서 출발한 나의 풍경 오디세이는 2004년 인천국제공항에서 시작한다.

2004년 2월, 인천국제공항

2004년 2월, 정말 오랜만에 고국 땅을 밟았다. 십여 년 만이었다. 갈 때는 김포공항에서 떠났는데 귀국하고 보니 인천이었다. 스산한 겨울의 끝자락, 차를 타고 공항 구역을 빠져나와 도로를 달리며 차창 밖을 내다보다 쇼크가 왔다. 차창 밖의 풍경이 온통 누런색이었다. 먼지를 뒤집어쓴 것 같았다. 보고 있자니 입안이 칼칼해지는 느낌이었다. 그 누런 풍경은 목적지 분당에 도착할 때까지 계속되었다. 분당의 풍경도 다르지 않았다. 내 나라가 원래 이렇게 누런색이었나? 너무 오랜만에 왔기에 기억이 흐릿해졌나? 그럴 리 없었다. 내 기억 속 한국의 겨울 풍경은 분명 눈 덮인 흰색이었다. 2월 말이니 눈이 녹아 진흙이 드러나 있어야 했다. 이렇게 균일하게 풍경을 지배하는 누런색은 뜻밖이었다. 나중에 문득 그것이 잔디 때문이라는 사실을 깨달았다.

지금은 공원마다 잔디밭이 있다. 옛날 공원에도 잔디밭이 있었을 것이다. 그러나 그때는 공원이 많지 않았을 뿐더러 몇 안 되는 공원마저도 우리에겐 금지 구역이었다. 불량배와 건달이 모이는 곳이라 했었다. 그래서 얼씬도 하지 않았다. 공원이 아니라도 놀러 갈 곳은 많았다. 고궁을 찾기도 했고 일요일엔 경춘선을 타고 가까운 교외로 나가 벌거숭이 산을 바위에서 바위로 겅중거리며 오르내렸다. 산책로 내지는 등산로가 불필요한 시절이었다. 당시에는 초등학교, 중·고등학교 12년 동안 거의 왕릉으로 소풍을 갔었다. 소풍 길에 왕릉 봉분을 덮은 잔디를 보았고 성묘 가서도 잔디를 보았다. 잔디가 있는 곳은 대개 묘였다.

단 한 번, 차고 맑은 물이 흐르는 우이동 계곡으로 소풍을 갔었다. 그때 친구들과 물가 큰 너럭바위 위에 높다랗게 앉아 김밥을 먹었던 기억

빛바랜 잔디가 넓게 펼쳐진 세종중앙공원 풍경

이 생생하다. 계곡 양쪽으로는 성근 숲이 펼쳐졌고 멀리 삼각산 등허리
가 보였다. 주변에는 물론 혹은 가는 길에도 상점 하나 없었다. 언젠가
동생이 팔에 부스럼이 나서 영 낫지 않았다. 세검정 물이 맑고 영험하니
거기서 목욕을 하면 낫는다는 얘기를 들었다. 그래서 온 가족이 세검정

에 갔다. 산에서 계곡을 따라 맑은 물이 빠르게 흘러 돌 사이를 이리저리 헤치며 물살을 일으켰다. 어른들은 주변 소나무 숲 그늘 풀밭에 돗자리를 깔았다. 바위 아래 물이 모여 이룬 큰 연못이 있었는데 그 연못에서 나는 수영을 배웠다. 이따금 광나루나 뚝섬에 가서 물장구를 쳤었다. 송도에도 간 적이 있다. 바다는 처음이었다. 저녁때 썰물이 와 물이 빠져나가자 검은 개펄이 드러났다. 해수욕객들이 일제히 약속이나 한 듯 멀리 봉긋이 나타난 섬까지 걸어가며 개펄에 묻힌 조개를 주웠다. 기억 속 송도의 실루엣은 넓은 개펄과 멀리 수평선을 등지고 아련히 솟아 있던 낮은 섬뿐이다.

어려서 장위동에 꽤 오래 살았었다. 그땐 동네 뒤의 '공주능'이 우리의 놀이터이자 주민들이 여가를 보내는 곳이었다. 거기에도 성근 소나무 숲이 배경을 이루었고 개울이 흘러 맨땅을 적셨다. 여름엔 개울에서 빨래하고 동네 어른들은 돗자리를 깔고 부채질을 했다.

그러다 어린이대공원이 왔다. 고등학교 때였는데 언론 홍보가 굉장했다. 급기야 전 서울시민이 공원 개장일을 손꼽아 기다리게 되었다. 마침내 어린이날, 조카들을 앞세우고 대가족이 도시락을 싸 들고 갔었다. 버스에서 내려 삼십 분은 족히 걸어 도착했다. 인산인해를 이룬 사람들 어깨너머로 아주 넓은 잔디밭이 보였다. 서양 영화에서 보았던 그런 잔디밭이었다.

오랜만에 돌아온 한국은 전혀 다른 나라였다. 내 기억 속의 풍경들은 온데간데 없었다. 그 위로 불도저가 지나갔을 것이다. 건물과 도로가 들어서고 남은 자리에 공원과 녹지가 조성되었을 테다. 공항에 내려 인천이라기에 두리번거리며 송도를 찾았으니 지금 생각해도 어처구니가 없

1975년 도산공원. 드넓은 잔디밭에 듬성듬성 나무를 심었나.

다. 뚝섬은 서울숲으로 변신해 가고 있었다. 나중 일이지만 공주능은 북서울꿈의숲이 삼켰다. 어른들이 돗자리 깔고 부채질하던 풀밭이 지금은 매끈한 잔디밭으로 변했을지도 모르겠다. 세검정은 알고 보니 홍제천 상류 큰 바위 위에 지은 정자를 말한다고 했다. 지금 홍제천 상류는 양변 도로 사이에 비좁게 끼어 흐른다. 저기서 내가 수영을 배웠다고?

그해 3월, 청계천

머지않아 또 한 번 충격을 받았다. 1973년에 어린이대공원이 장안의 화제였다면, 2004년 그해는 청계천의 해였다. 청계천 사업이 만구에 회자되기에 궁금해서 읽을거리를 찾아보았다. 박경리 작가가 동아일보에 기고한 글을 만났다. 존경해 마지않는 박경리 선생의 글이 반가워 읽다 보니 뭔가 이상했다. 청계천 복원사업에 "조경 전문가가 어찌 총책임을 맡았는가?"[1]라 했다. "조경 전문가가 책임을 맡지 그럼 누가 맡습니까?"라는 말이 저절로 튀어나왔다. 청계천 복원사업 설계에 조경 분야의 비중이 압도적으로 높다는 비판이 이어졌다. 따져보니 조경 비율이 50%였다. 더 높아야 한다는 게 내 견해였는데 그의 생각은 달랐던 것 같다. 예산이 넉넉지 못할 경우 미안하지만 조경은 안 해도 된다는 대목을 읽다가 자리에서 벌떡 일어났던 것도 같다. 박경리 작가는 프랑스 파리의 센강에서 조경의 흔적을 보지 못했다고 했다. 점입가경이었다. 센 강변이야말로 맨 조경인데 대체 왜 이러실까. 그래서 그 글을 읽고 또 읽었다. 그러다 문득 깨닫게 된 것이 있었다. 그가 생각하는 조경이란 "시설이나 구조물을 덧붙이고 꾸미는 일"[2]이었다. 조경에 대해 이렇게 그릇되게 이해해도 되는 것일까 싶었다. 그러다 의미심장한 문장을 만났다. "큰 건축공사를 총괄하는 도편수는 재상감이라 했다. 나라에 바치는 정성과 사물을 보는 안목을 따졌던 것이리라."[3] 조경가가 바로 그런 사람 아니

청계천. 조경이 시설물 배치 이상의 작업임을 잘 드러내는 사례

던가. 땅에 대한 애정과 정성이 지극하고 사물을 보는 안목으로 풍경을
가꾸는 사람. 반면 큰 건축공사 총괄자들은 국토를 열심히 말아먹고 있
는데 주어가 바뀐 것 같다고 생각했다. 후일, 애석하게도 박경리 선생의
조경관이 사실에서 크게 빗나간 것이 아님을 알게 되었다.

그해 6월, 배신의 풍경-푸르러진 산

급기야는 산조차 나를 배신했다. 같은 해 여름, 오대산에 한국자생식물
원이 있다기에 찾아 나섰다. 수도권을 벗어나 한동안 운전하자 문득 눈
앞에 짙은 녹색의 산봉우리가 다가섰다. "저게 뭐야" 소리가 저절로 나
왔다. 한국의 산이 언제 저리 푸르렀나. 푸르다 못해 진녹색이 흐르는
듯했다. 뭔가 기분 좋게 속은 느낌. 나무라고 해도 오다가다 한 그루씩
자라고 있었기에 그 사이로 바위와 바위를 밟고 오르내리던 산이었다.
겨울과 여름이 뒤바뀐 것 같기도 했고 안과 밖이 뒤집힌 것 같기도 했
다. 식목일을 모르는 바 아니다. 식목일은 학창 시절 내내 그 지겨운 '교
련'과 함께 우리를 동원했다. 그런데 아무리 식목일마다 나무를 심었다
해도 반 민둥산이 십여 년 만에 저리 푸르러질 수 있나? 그럴 수 있는 모
양이었다.

동행한 동료가 설명했다. 무시무시한 속도로 산림녹화에 성공해 "기
적의 나라 한국"[4]이라는 또 하나의 신화를 창조했다고. 나중에 보니 사
회 일각에서는 박정희 대통령에게 공적 몰이를 해주고 있었다. 한국의
산업화는 물론 산림녹화도 박정희 대통령의 공적이라고 한다. 그러나
산림녹화의 역사는 매우 오래되었다. 조선시대에 이미 다양한 용도의 조
림 사업이 실시되었다.[5] 다만 나무를 연료로 쓰던 시절이라 효율이 거의

없었다. 이후 한국전쟁이 발발하기 직전에 산림조합이 발족했다. 여름에 북한에서 쳐들어올 것을 미처 알지 못했으므로 '한가하게' 나무 심을 궁리를 한 것이다. 1959년, 전쟁이 끝난 뒤 완전히 황폐한 산을 구하기 위해 전국에 190곳의 산림조합이 구축되었다.[6] 모두 박정희 정권 이전의 일이었다. 그때 이미 산림조합에는 사방 공사와 녹화 기술이 상당히 축적되어 있었다. 그러나 기술만 있어서는 소용이 없다. 나무가 있어야 심을 수 있을 것 아닌가. 해마다 식목일이 되면 수십만 그루의 나무를 심었다는데, 그 많은 나무를 어떻게 조달했을지 궁금했다. 저 산에서 캐서 이 산에 심었을까? 여기저기 물었으나 아무도 답을 주지 못했다.

최근에야 어느 산림청 직원이 2011년 한국임업신문사에서 『산림녹화 성공, 기적의 나라 한국』이라는 책자가 나왔음을 알려주며 책을 스캔해 보내주었다. 소재를 조달하기 위해 전국 300여 마을에 공동 양묘장을 만들어 대량으로 나무를 길렀다 한다. 밤나무, 감나무, 은행나무, 호두나무 등 유실수를 심어 양식에 보태고, 목재 생산용으로 소나무, 리기다소나무, 잣나무, 낙엽송, 삼나무, 편백 등 장기 수종을, 이태리포플러, 은수원사시나무, 오동나무, 오리나무, 아까시나무 등 속성 수종을 땔감용으로 길렀다.[7] 마을 양묘장의 일부가 나중에 조경수 농장으로 변모했다. 연료가 석탄과 기름으로 대체되면서 땔감용 속성수가 산에 살아남게 되었다. 이들은 한 해에 최소 30cm는 자라는 나무들이니 빠른 녹화에 크게 이바지했을 것이다. 목재 생산용으로 심었던 소나무, 낙엽송, 편백, 은행나무는 조경수로 둔갑해 지금 도시 풍경을 지배하고 있다.

잘려 나간 산

산림녹화사업은 1987년 대략 마무리되었다. 그때까지 총 120억 그루의 나무를 심었다고 한다. 축구장 하나 정도의 면적 당 약 3천 그루를 심은 셈이다. 그중 20%는 고사했지만 80%가 살아남아 산을 푸르게 만들었다. 녹화사업을 마무리한 뒤에도 속성수가 빠르게 자라 숲이 저리 무성해졌겠구나. 그제야 이해가 갔다. 좋은 일이지만 너무 빠른 속도로 진행된 식목 사업이었기에 숲의 군락 구조가 자연 식생에 맞는지 깐깐한 의구심이 다시 고개를 들었다. 소나무 군락이 26.6%로 가장 넓은 면적을 차지하고 있으며, 다음으로 신갈나무 군락(18.9%), 소나무-굴참나무 군락(6.3%), 굴참나무 군락(5.7%) 순서다.[8] 조기 녹화의 임무를 완성한 속성수는 서서히 도태되고 본래의 자연 식생으로 천이 중이라는 뜻이다. 이 역시 바람직한 일이다. 신갈나무, 굴참나무 등 참나무속 군락은 한국 숲의 극상림이다. 극상림은 생태적으로 가장 안정된 상태이기 때문에 숲의 생태가 안정되어 간다는 뜻으로 읽혔다.

그런데 산이 푸르러졌다고 좋아할 일만은 아니다. 숲은 짙어졌지만 산림 면적 자체는 오히려 크게 줄어들었기 때문이다. 1972년 한국의 산업화가 시작될 무렵 산림 면적은 총 663만 헥타르였다. 2020년에는 630만 헥타르로, 약 33만 헥타르가 사라진 것이다.[9] 서울숲 면적이 약 116헥타르이니, 서울숲 2,675개에 해당하는 면적이 사라진 셈이다. 그동안 서울숲에 준하는 도시숲이나 공원이 몇 개나 조성되었을까? 수십 개는 된다고 쳐도 2,600여 개를 내주고 수십 개를 얻었으니 썩 잘한 장사는 아니다. 사라진 것은 비단 산림만이 아닐 것이다. 광기 서린 개발 불도저가 지나간 자리를 부지런히 뒤쫓아가며 조경을 했어도 사라진 풍경을 되찾을 일은 요원해 보인다.

경부고속도로와 강남 개발, '기업조경'의 시작

그 광기는 경부고속도로 사업으로부터 비롯한 것으로 보인다. 한국 근대 조경과 박정희의 함수[10]는 전쟁을 방불케 했다는 경부고속도로 건설과 거의 동시에 시작된 강남 개발사업에서 여실히 드러난다. 특히 경부고속도로 건설은 '박정희 장군'의 지휘하에 육군공병대 3개 소대 병력이 투입되어 치른 치열한 전투였다고 한다.[11] 77명의 사망자를 냈으니 전쟁이 맞다.[12] 그런데 누구와의 전쟁이었을까? 적은 누구였을까? 적이 없는 상태에서 치르는 전쟁의 희생자는 결국 자기 자신일 수밖에 없다.

"자본, 기술, 장비 어느 것 하나 제대로 갖추지 못한 상태에서 이루어 낸 경부고속도로는 세계에서 가장 빠른 공기, 가장 저렴한 공사비로 건설된 그야말로 기적적인 공사였다. 이로써 우리나라는 획기적인 경제성장을 이뤄냈고……"와 같은 자찬의 어조가 그대로 신화가 되어 굳어졌다. 위험한 신화다. 마치 경부고속도로를 그때 개통하지 않았더라면 한국의 경제 발전이 이루어지지 않았을 것처럼 얘기한다. 당시 꼭 필요하지 않았던 고속도로를 태풍의 속도로 밀어붙이면서 사상자까지 낸 것에 대해 당위성을 부여하고자 하는 변명일 것이다.

연장 약 420km의 경부고속도로는 1968년 2월 1일 기공하여 불과 2년 반 만인 1970년 7월 7일에 끝났다. 예정보다 1년 정도 준공을 앞당겼다. 준공을 앞당긴 이유는 제2차 경제개발 5개년 계획이 끝나는 해에 고속도로를 개통해야 한다는 대통령의 지시 때문이었다. 몇 년 뒤에 개통했더라도 경제 발전에 큰 장애는 없었을 것이다. '선개통 후보수'의 원칙을 내세워 무리하게 추진해서 1990년 말까지 건설비의 4배에 달하는 보수비가 들어갔다.[13] 자동차가 거의 없던 시절이었기에 개통 뒤에도 처음 몇 해 동안은 달리는 차량이 극소수였고 조경공사 마무리와 보수공사로 시간과 비용을 낭비했다. 왜 그래야 했을까? 그저 전쟁을 치르고 싶었던 것일까? 당시 사업 총책임을 맡았던 허필은은 소장급 장군이었고 공사 총책임자 윤영호는 육군 공병대 대령이었다. 각 공구의 감독관으로 육군 공병 대위가 차출되었고 육사 출신 22명의 위관급 장교가 건설 공무원 교육원에서 단기 교육을 받은 뒤 현장에 투입되었다. 모두 60명의 장교가 각 공구에 배치되어 건설부 직원과 협동으로 감독했다. 그러다 보니 공사 추진 방식도 군대식을 따르게 되었다.[14]

경부고속도로 분리대 잔디 작업, 1970년

결국 경부고속도로 사업은 한국에 '군대식으로 조직된 대기업'을 낳았다. 이 기현상은 강남 개발과 신도시 사업에 고스란히 이입되어 이후 개발 풍토를 지배했고 지금도 지배하고 있다. 2005년 서울숲을 조성할 때도 "전쟁 같은 절박한 상황"이 나타났다고 한다.[15] 숲을 만드는 데 무엇이 그토록 절박한가. 공사에 참여한 시공사는 자신의 궁극적 목표, 즉 이익 극대화를 노리기에 군대식이 나쁘지 않다고 여겼을 것이다. 그뿐 아니라 당시 감독을 맡았던 장교들이 후일 건설사와 개발사의 임원으로 가거나 직접 회사를 차렸기에 오늘까지도 군대식으로 움직이는 기업이 적지 않다.

경부고속도로 건설의 '뒷이야기'를 알고 나니 비로소 내가 대형 공사 현장에서 겪었던 기이한 일들이 이해되었다. 2004년부터 몇 년간 나는 다층 구조 숲과 야생화 정원을 만드는 보따리 장사로 대형 아파트 건설 현장을 전전했었다. 소위 말하는 조경 특화사업이었다. 현장에서 보니 개발사 회장은 신이고 건설사, 토목회사, 조경회사 책임자는 연대장, 대대장, 소대장으로 줄줄이 군대식 명령 체계에 따라 움직였다. 계급이 내려갈수록 공사비가 기하급수적으로 감축되는 건 말할 것도 없다. 조경은 대개 하도급에 하도급을 받아 실시했으니 그때마다 상위 기업에서 챙기는 이익만큼 조경 수준이 나빠질 수밖에 없다. 힘과 돈의 논리에 따라 움직이는 살벌한 사업장에서 "식물의 생명 사이클 때문에 적어도 다섯 계절—봄, 여름, 가을, 겨울, 그리고 다시 봄—을 두고 살펴본 뒤에 준공 심사를 해야 한다"라는 설명은 웃음거리밖에 되지 않았다.

층위 구조니 생태니 하는 것들은 공사를 지연시키는 장애 요소일 뿐이다. 현장 책임자는 위에서 특화사업이라고 시키니 하기는 하는데 왜

그리 번잡하고 오래 걸리는지 이해하지 못했다. 맞춰야 하는 공기, 남겨야 하는 이익 등을 따져보면서 몹시 초조했을 것이다. 하루는 내가 맡은 특화 식재 현장에 인부들이 구름같이 몰려들었다. 놀라서 현장 책임자에게 물어보니 그날 안으로 숲 조성 작업을 끝내야 해서 인부 백 명을 불렀다고 했다. 아직 시간이 있는데 왜 갑자기? 다음날 건설사 사장이 현장을 방문하므로 그 전에 작업을 끝내고 물청소까지 말끔히 마쳐야 한다는 답이 돌아왔다. 지금까지 진행된 상황을 사장에게 설명하면 되는 것 아니냐고 했더니 아니라고 했다. 무조건 마쳐야 한다고 했다. 백 명이 나를 에워쌌다. 어디에 뭐 심어요? 여기저기서 질문이 날아왔다. 식물을 하나씩 나눠주며 아무 데나 가서 꽂으라고 했다. 그리고 건설사 사장이 다녀간 뒤 몇 날에 걸쳐 모두 다시 심는 촌극을 벌였다. 선개통 후보수 체험이었다.

대규모 사업 현장은 설계자가 이상적인 개념을 도면에 꾸려갈 수 있는 곳이 아니었다. 경부고속도로만 보더라도 사람이 죽어 나가는 살벌한 싸움터에서 "권총을 뽑아 들고" 독려해가며 공기를 가까스로 맞췄다.[16] 우선 급한 대로 도로와 교량과 터널을 완성한 뒤 사면에 코스모스 씨를 뿌리고 분리대에 서둘러 잔디를 깔았던 것으로 보인다. 조경 인력이 아니라 오랜 산림녹화 경력으로 전문가가 다 되었던 인근 마을의 '어머니'들이 작업에 동원되었다.[17] "조경은 토목이 끝난 뒤 나무 심고 잔디 까는 것"[18]이라는 건설업체의 인식은 그렇게 시작된 것 아니었을까. 고속도로변의 본격적인 조경계획은 1972년 청와대에 조경비서관이 임명된 뒤에야 비로소 시작된 것으로 보인다.[19]

소나무와 잔디밭

"설계와 시공·관리의 단계 간의 단절이 가슴 아프다"라고 한 정영선의 말도 뒤늦게나마 이해되었다. 1998년 그는 "설계 이후 시공업체에 의해 설계가 어떻게 변질했는지 모르는 경우가 더욱 허다하다"고 토로했다.[20] 처음 그 글을 접했을 때는 한국 조경 0세대의 큰 어른이 시공업체가 감히 설계 변경을 자행하는 것을 방관하는 게 이상했다. 슬프고 가슴 아픈 일이지만 어쩔 수 없다는 어조였는데 아닌 게 아니라 어쩔 수 없었을 것이다. 이는 '조경의 전문성에 대한 사회적 이해가 부족한 탓'이라기보다는 그 본질이 건축·토목의 생리와 맞지 않는 조경을 억지로 그 틀에 뚜드려 맞추다 보니 나타난 기현상일 것이다.

한국조경학회가 설립된 1972년, 대학 조경 교육이 시작된 1973년은 이미 군대식 '기업조경'이 탄생한 뒤였다. 설계, 시공, 관리 등의 분야를 중재하고 합리적 제도를 만들어야 할 관청 역시 유사하게 조직되어 움직였다. 1972년 청와대 비서관으로 임명된 오휘영은 현충사 성역화 사업 현장에 가 보니 이미 공사가 상당히 진척된 상태여서 하릴없이 보완 계획을 꾸려 마무리했다고 증언한다.[21] 아마도 공병대의 지휘 아래 인근 마을에서 조원 경험이 있는 인물이 불려와 설계도 없이 현장에서 직접 시공했을 터였다.

막 대학원을 졸업한 풋내기 조경가들이 활동을 시작했을 때 조경은 이미 개발의 소용돌이에 깊이 빨려 들어간 상태였다. 실무를 배워나가고 이상을 구현할 터전은 존재하지 않았다. 대규모 토목사업에 매달린 상태로 출발한 까닭에 설계자에게는 처음부터 발언권이 거의 없었다. 설계 현상공모를 해도 결과는 마찬가지였고 그 점은 지금도 달라지

현충사. 푸른 산과 소나무숲을 등지고 있는 장면이 인상적이다.

지 않은 듯하다. 그동안 나타난 주옥같은 작품 중 설계자의 의도가 십분 반영된 것이 몇 퍼센트일까. 예를 들어 순천만국제정원박람회만 보더라도 당선작 본래의 모습을 거의 알아볼 수 없게 성형수술 당하는 것을 지켜보았다. 이런 상황에서 대학의 설계 스튜디오는 구현할 수 없는 이상과 이론과 담론을 발전시키며 상아탑을 쌓는 수밖에 없었다.

　한편 설계 실무에서는 건축·토목과 보조를 맞추기 위해 식물을 점차 포기하고 조형물, 시설물, 구조물 디자인으로 방향을 잡아갔다. 그래도 식재는 해야 하는 것이기에 최대한 빠른 속도로 식재 면적을 채우면서 동시에 효과도 내는 방법, 즉 조형 소나무, 낙락장송, 메타세쿼이아, 느티나무, 단풍나무, 벚나무를 심고 그 하부에 잔디를 까는 방법이 고안

경기도 성남시 수정구 아파트 조경. 잔디밭과 소나무의 식재 패턴을 고수했다.

되었고 같은 방법이 계속 되풀이되었다. 설계자들이 아니라 실무자들이 개발한 방법이다. 다른 개념의 설계도를 들고 가면 현장 사정을 빙자해 바로 설계 변경에 착수하여 다시 조형 소나무, 낙락장송, 느티나무, 단풍나무, 벚나무를 심고 그 하부에 잔디를 깔고 관목을 심었다. 늘 하던 방식으로 해야 효율이 높고 비용이 절약되어 이익이 높아지므로 새로운 것을 시도할 이유가 없었다.

이렇게 잔디 면적이 무한대로 증가했다. 그 사이 맨땅에 대한 두려움이 전염병처럼 번진 듯했다. 아스팔트, 콘크리트, 점토 벽돌 아래로 미처 숨지 못한 땅은 머리카락 보일 새라 잔디를 심어 꽁꽁 가렸다. 둥글고 긴 방석 모양으로 다듬어 심은 관목을 제외한다면 식재 면적은 곧 잔디 면적과 거의 일치한다고 해도 과언이 아니다. 나무 기둥은 그리 큰 면적을 차지하지 않기 때문이다. 그 결과 가을부터 봄까지 도시 풍경은 누런 묘지 풍경이 되었다. 나무가 잎을 떨구면 잔디의 누런색이 더욱 분명하게 드러난다. 겨울엔 식물이 시들어 누렇게 변하는 게 당연하나 할 수 있다. 그러나 자연적으로 발생한 식생은 시들더라도 그 안에 큰 다채로움이 존재한다. 그에 반해 고르게 다듬은 잔디는 인공적이고 불편하다. 자연적으로 돋아난 풀밭의 겨울과 비교해 보면 확실해진다.

잔디밭은 공원과 함께 서양에서 들어왔다. 서양에서 잔디는 추운 겨울에도, 얼음 속에서도 녹색으로 남는다. 그건 서양 잔디가 상록성이기 때문이 아니라 유럽의 겨울이 습하기 때문이다. 거기서도 뜨겁고 건조한 여름날엔 한시적으로 누렇게 시든다. 유럽 기후는 한국 기후와는 정반대로 봄과 여름이 건조하고 가을과 겨울이 습하다. 한국의 그 청명한

1월의 어느 겨울풍경.
자연스럽게 만들어진 풀밭은 겨울에도 다채롭다.

가을 하늘, 거기에 잔디를 시들게 하는 복병이 숨어있다. 기상청 자료를 보면 한국의 가을과 겨울 강수량이 실제로 매우 낮은 것을 확인할 수 있다. 예를 들어 2020년 대전시의 10월 강수량은 3.2mm에 불과했다. 같은 시기 베를린의 강수량은 58.2mm였다. 결론적으로 한국의 기후 조건은 잔디 생육에 매우 불리하다. 봄에 벚꽃은 만개했는데 잔디는 아직 푸릇해질 기미를 보이지 않는다.

　아무리 협박해도 기후를 뒤집을 수는 없는 법. 맨땅에서 올라오는 잡풀을 용인할 수 없다면 다른 방법을 강구하는 게 옳을 것이다. 잔디를 대체할 방법은 많다. 방법론이 궁한 게 아니다. 1980년대 중반부터 지금까지 『한국조경학회지』 등에 꾸준히 새로운 식재설계 방법론이 발표되고 있다.[22] 다만 그 방법론이 대개 식물생태 연구자 쪽에서 나오기 때문에 설계 쪽의 공감을 얻지 못하는 듯하다. 분야 간 단절은 설계·시공·관리 사이에만 존재하지 않는다. 설계와 생태는 견우직녀처럼 서먹서먹하여 아주 가끔 생태공원에서나 만난다. 한편 설계자들이 새로운 식재설계 방법론을 수용한다 하더라도 현장에서 다시 무시되기 쉽다. 생태적 접근법은 생태공원으로 정의된 곳에서만 쓸 수 있다는 도식적 사고가 존재하는 듯하다. 잔디를 많이 심을수록 공기가 짧아지고 비용이 절약되는데 다른 방법을 쓸 이유가 없다. 한국 조경에선 시공사의 탑이 참으로 높다.

　예를 들어 불도저가 밀어버린 산림 식생을 복원한다고 가정하면, 소나무 외에도 신갈나무, 굴참나무 등을 심어야 한다. 다만 이런 착한 나무를 번식하여 공급하는 조경수 농장이 없어서 수급이 불가능하다. 소위 말하는 일급 조형 소나무는 구하기 쉬워도 신갈나무나 굴참나무처럼 촌스러운 나무, 값싼 나무, 이익이 별로 남지 않는 나무를 구하기는 하늘의 별 따기다. 산에서 캐오거나 아니면 새로 지정된 개발 대상지에서 자생하던 군락을 미리 이식해 챙겨두어야 한다.[23]

개발을 용케 피해간 변두리의 골목을 다니거나 시골 마을을 지나가다 보면 공원이나 아파트 조경에서는 볼 수 없는 다채로운 식물을 만날수 있다. 주택의 뜰, 오래된 공공 건물, 중·고등학교 교정과 대학교 캠퍼스는 물론 변두리 식당 앞 화단에도 의외로 식물의 종 다양성이 존재한다. 1990년대 초 방광자와 이종석이 이런 상소들을 3년에 걸쳐 모조리 조사한 끝에 394종의 식물이 살고 있음을 확인했다.[24] 그중 아무에게도 들키지 않은 채 조용히 자라고 있는 나무들이 모감주나무를 비롯해무려 267종이었다. 무궁화, 개나리, 은행나무, 명자나무, 향나무, 쥐똥나무, 밤나무, 버즘나무, 목련, 주목, 모란, 소나무, 리기다소나무, 수양버들은 어느 곳에서나 자라고 있는 단골 수종인데, 산림녹화 당시 육묘수종과 고속도로 조경에 적용되었던 수종을 합친 것과 같고 아파트, 공원, 가로 등에 흔히 심는 수종과도 일치한다.

조경의 제도화를 준비하는 과정에서 1971년, 청와대에서 '조경에 관한 세미나'가 열렸다. 당시 고려대 농과대학 교수 윤국병은 각 고장에서형태와 색채가 아름다운 지역 수종을 선발해 심자고 제언했다. 서울대농과대학 교수 임경빈은 조경하기 전에 한반도의 생태 시스템을 먼저분석해야 한다고 권했다.[25] 이 지당한 말씀들이 지금에 와서야 조금씩구현되고 있다.

그러나 조경공사업 '시공능력평가액'이 발표된 것을 보면 아직 갈 길이 멀어 보인다. 현대건설, 삼성물산, 대우건설 등이 여전히 우위를 다툰다. 조경 시공 능력을 매출액으로 가늠하는 것도 놀랍지만 종합건설사가 조경 시공에 손을 대는 것은 정상이 아니다. 예를 들어 2020년 발표된 자료를 보면 1,457개 시공사 목록에 순수한 조경 시공사는 가뭄에 콩 나듯 이따금 나타났다. 조경이 본연의 모습을 찾으려면 우선 천여 개의 종합건설사가 조경 사업을 지배하는 풍토에서 벗어나야 한다. 어려운 과제다. 그런데 더 큰 문제는 '대기업조경'이 기현상이라는 것에 대한 인식 자체가 존재하지 않는다는 사실이다. 출발이 그러했기 때문에 당연한 것으로 받아들인다. 예컨대 "수액 이동이 중지된 봄과 수목이 동면에 들어갈 시기인 가을에 식재하여야 식물의 활착률이 높고 품질도 유지되는 공사가 될 수 있다"[26]라는 지당한 원리가 논문에 그치지 않고 실제로 구현되려면 대기업의 높은 탑이 드리우는 그림자에서 벗어나야 한다.

일상은 로드무비

한국 조경이 50세 중년을 맞아 공원 신드롬과 만나고 있다. 조경의 최신 화두는 공원이다. 그동안 올림픽공원을 선두로 경의선숲길까지 세련되고 성숙미 넘치는 공원이 속속 탄생했다. 수도권뿐 아니라 지방 도시에서도 공원과 도시숲 조성의 물결이 크게 일렁이고 있다. 그러나 2020년 현재 국립공원까지 포함한 전 공원 면적을 모두 합쳐도 국토 면적의 17.66%에 지나지 않는다.[27] 생활권 공원의 평균 접근 거리를 보면 지역별 편차가 매우 크다. 서울시는 1km 내외로 가깝지만, 인천광역시의 경우 11km가 넘어 생활권 공원이라 하기도 어렵다.[28] 그러므로 공원은 아직 서민들이 일상에서 편하게 접하는 보편적인 장소가 아니다. 사라

50년 뒤의 서울. 통제 불가능한 개발 행진의 결과.
길에서 체험하는 풍경, 일상을 지배하는 로드무비를 조경이 책임지는 데는 한계가 있다.

진 뒷동산의 복구와는 더더욱 거리가 멀다.

우리는 하루 중 많은 시간을 길에서 보낸다. 아침저녁 출퇴근길, 등하굣길. 쇼핑길은 물론 주말에 유원지나 공원을 찾으려 해도 우선 길을 떠나야 한다. 길을 떠나면 도로에서 많은 시간이 지체된다. 공원은 멀고 아파트는 가깝다. 인구 60% 이상이 아파트에서 사는 요즘, 어린아이들에겐 아파트 조경이 처음으로 접하는 자연일 수 있다. 길에서 체험하는 풍경, 일상을 지배하는 로드무비를 조경이 책임지는 데는 물론 한계가 있다. 광속의 신도시 개발이 낳은 우리의 '어글리 시티'들은 가로녹지 정비사업 정도로 아름다움을 되찾지 못한다. 이미 주택 보급률 백 퍼센트를 넘긴 지 오래되었는데도 재개발, 삼개발 하면서 더 크게, 더 높게, 더 비싸게 짓는 것을 보면 김선달처럼 땅을 팔고 되팔아 수천 곱절의 이익을 남기는 게임은 끝나지 않은 것 같다. 조경의 힘으로 끊어낼 수 있는 사슬은 아니다.

세 개의 탑

중세 후기, 북부 이탈리아와 남부 독일에만 존재했던 건축 양식이 있다. 극히 일부 도시에 국한되었던 건축이라 잘 알려지지 않았다. 요즘 타워 빌딩처럼 매우 높고 날씬한 탑형 건축이었다. 각 가문이 탑을 하나씩 지었기에 나중에 이를 '가문탑'이라 불렀다. 북부 이탈리아와 남부 독일은 11~13세기 금융과 상업의 중심지였다. 시골에서 소작인을 부리며 살던 하위 귀족들이 피렌체나 볼로냐 같은 도시로 진출해 시민층에 섞여 금융업과 상업에 뛰어들기 시작했다. 도시로 이사를 왔으니 거처를 마련해야 했는데 시골 귀족들이 아는 주거 양식은 오로지 성뿐이었다. 좁은 도시에 저마다 성을 지을 수는 없기에 탑만 높다랗게 쌓고 거기서 살았다. 도적도 많고 외침도 많던 시절이라 방어용으로도 적합했지만, 신분의 상징이기도 했으므로 층을 더 올려 점점 높이 쌓았다. 한창 때는 높이 70m 정도의 탑이 피렌체에 약 200채, 볼로냐에는 180채 정도 존재했다고 한다. 가문들 사이에 티격태격 싸움이 잦았으나 서서히 평화가 왔다. 영토 싸움이 본업이었던 귀족들이 금융업과 상업에 종사하면서부터 서로 싸울 일이 없어진 것이다. 이제 탑과 탑 사이에, 즉 창문과 창문 사이에 목교를 걸어 놓고 서로 오갔다. 공중으로 오가는 것이 불편하니 나중에는 탑을 버리고 내려와 평지에 도시형 팔라초palazzo를 지었다. 이제 지상에서 옆옆이 붙어살게 되었으므로 더불어 살아가는 방법을 배웠다. 수틀리면 칼부터 뽑던 시절은 지나갔고 시민 회의를 결성해

북부 이탈리아 산지미냐노. 가문탑이 아직 가장 많이 남아있는 도시

논의하는 풍토가 생겼다. 그러면서 서서히 아름다운 르네상스 도시들이 형성되어 갔다.

한국 조경계에도 세 개의 탑이 있다. 가장 높고 크고 튼튼한 건 '시공탑'일 것이다. 그곳에 다가갈 수 없는 대학은 각종 이론을 차곡차곡 쌓아 높은 '상아탑'을 짓고 있다. 너무 높아 기울어질 듯하다. 그 옆에 '생태탑'이 있다. 시대적 당위성으로 무장한 탑이지만 이 역시 갈 곳은 하늘밖에 없는 듯 보인다. 두 탑 사이에 목교라도 걸쳐놓는다면 어떨까. 두 탑이 연결되면 우선 안정감이 올 것이다. 그러나 두 탑이 힘을 모아도 거대한 기업의 탑을 공략하기엔 터무니없다. 그럴 때는 공략할 것이 아니라 스스로 무너지도록 조치하는 것이 오히려 적절한 병법일 수 있다.

디에이치 아너힐즈, 정욱주가 '특화'한 정원 타입의 아파트 조경. 잔디밭이 아닐 수 있음을 보여준다.

　얼마 전부터 조경계에 작은 아기 탑이 하나 올라오고 있는데 이에 주목할 필요가 있다. '정원탑'이다. 작은 규모의 작가 정원들이 속속 조성되고 아마추어의 활동도 대단한 열기를 띠고 있다. 이런 작은 정원은 대기업이 시공하겠다고 나설 일은 없으므로 작가 혹은 '가드너'가 직접 조성하거나 소규모 시공사의 힘을 빈다. 이곳에 노하우가 차곡차곡 쌓이고 있고 무엇보다 식물과 정상적인 관계를 만들어 가고 있다. 후일 규모가 커져 시공과 설계와 관리가 서로 분리된다 하더라도 본래 하나였던 까닭에 형제처럼 우애 관계를 유지할 수 있을 것이다. 이것이 정상적인 성장 과정이다. 처음부터 이렇게 시작했어야 했다. 완전무장한 채 뛰어나올 일이 아니었다. 정원탑이 계속 자라 원래 서 있던 상아탑과 생태탑에 목교를 걸친다면, 혹은 상아탑과 생태탑이 몸을 낮춰 정원탑과 만난다면 매우 안정된 삼각 구도가 형성될 것이다. 거기서 발생하는 에너지는 메가급일 것이며 비교적 자연스럽게 형성된 구조이므로 회복탄력적 resilient 생태계처럼 스스로 지켜나갈 수 있을 것이다. 그러다 보면 저 높은 '대기업조경'의 탑은 존재 이유를 잃어 조경을 포기하고 본연의 사업 분야로 퇴각할 것이다.

　그 시절이 오면 조경은 건축과 토목의 원리가 아니라 조경 본연의 원리에 따라 움직이게 될 것이며 식물과의 관계도 정상을 찾을 수 있을 것으로 본다. 수십 년 동안 무차별하게 훼손한 풍경을 조경 고유의 시선으로 바라볼 여유가 생길 것이며 이를 되찾아주는 작업에도 집중할 수 있을 것이다. 그때야 비로소 식재 디자인에 관한 진지한 이야기를 시작할 수 있을 것이다.[29]

1 박경리, "청계천 개발이었나!", 「동아일보」, 2004년 3월 5일.

2 위의 글.

3 위의 글.

4 김종철 편, 『산림녹화 성공, 기적의 나라 한국』, 한국임업신문, 2011.

5 이선, 『한국 전통 조경 식재: 우리와 함께 살아 온 나무와 꽃』, 수류산방중심, 2006, pp.470~482.

6 김종철 편, 『산림녹화 성공, 기적의 나라 한국』, p.33.

7 위의 책, pp.29~30.

8 위의 책.

9 KOSIS, "산림기본통계/연도별 임상별 산림면적 및 임목축적 산림기본통계", 산림청, 2020, 온라인간행물. https://kosis.kr/statHtml/statHtml.do?orgId=136&tblId=DT_136001_9641&conn_path=I2

10 배정한, "근대의 굴레, 녹색의 이면: 한국 조경의 근대성과 박정희의 조경관", 『건축 도시 조경의 지식지형』, 나무도시, 2011, pp.152~181.

11 2001년 월간 『국토해양저널』은 "비화! 경부고속도로 건설 뒷이야기"라는 제목으로 당시 고속도로 건설 현장을 책임졌던 아홉 명의 이야기를 연재했다. 이 연재물은 10년이 지난 2011년 월간 『국토와교통』에 다시 온라인으로 게재되었다.

12 윤영호 외, "경부고속도로 건설 뒷이야기", 『국토해양저널』 200~212, 2001년 3월~2002년 3월.

13 정재형, "경부고속도로 건설과 새마을운동", 『KDI 경제정보센터』, 2010년 3월 2일.

14 최광규, "경부고속도로 건설 뒷이야기 4-내 젊음의 땀과 눈물", 『국토해양저널』 204. 2001년 7월.

15 고영창, "서울숲 시공 과정과 묻혀진 이야기들". 『환경과조경』 209. 2005, pp.54~55.

16 이성, "경부고속도로 건설 뒷이야기 6, 땡땡이 계산기를 밤새 돌리며(II)", 『국토해양저널』 208, 2001년 11월.

17 "사방사업의 달인은 대부분 어머니들이었고, 나무 심는 달인 역시 어머니들이었다." 김종철 편, 『산림녹화 성공, 기적의 나라 한국』, pp.147~148

18 정영선, "나의 길 나의 작품: 길 속의 길 속의", 『환경과조경』 127, 1998, pp.31~32.

19 대통령비서실 1972년 9월 2일자 진행 '현황' 보고서에서 어느 공구에 어떤 나무를 심었는지를 보고하고 각각의 비용을 산출하여 적었다. 향나무, 단풍나무, 은행나무, 잣나무, 젓나무, 사철나무, 측백나무, 후박나무, 박태기꽃나무, 플라타너스, 족제비싸리를 심었다고 보고하고 앞으로는 화백, 편백, 미국 찝방나무(?) 등을 심고 그사이에 무궁화, 개나리, 싸리 류를 심을 것을 건의했다.

20 정영선, "나의 길 나의 작품: 길 속의 길 속의", p.31.

21 오휘영, "우리나라 근대조경 태동기의 숨은 이야기(4)", 『환경과조경』 144, 2000, p.33.

22 예컨대 서울시립대학교 조경학과 환경생태연구실이 1985년부터 지금까지 꾸준히 연구해 발표하고 있는 식재설계 방법론에 주옥같은 것이 많다.

23 서울시립대학교 대학원 조경학과에서 2004년과 2019년 자생지 군락 이식에 관한 석사논문이 두 건 나왔다. 참고함 직하다.

24 방광자·이종석, "우리나라 조경 수목의 식재 분포에 관한 연구", 『한국조경학회지』 23(5), 1995, pp.67~94.

25 오휘영, "우리나라 근대조경 태동기의 숨은 이야기(2)", 『환경과조경』 142, 2000, pp.32~33.

26 박재영·조세환, "조경식재공사 설계변경 유형 및 변경 적합성에 대한 인식 분석: A공사 아파트단지 식재공사를 중심으로", 『한국조경학회지』 42(1), 2014, p.21.

27 최희선·이길상, "도시의 공원·녹지 현황", 『한국의 사회동향 2020』, 통계청 통계개발원, 2020, p.314.

28 위의 자료, p.313.

29 이 글을 쓰기 위해 많은 사람에게 폐를 끼쳤다. 한국 조경의 실정을 잘 모르기 때문에 여러 동료와 후배에게 뜬금없는 질문도 많이 했다. 친절하게 답하며 서슴없이 자료를 보내준 그들에게 고마운 마음을 전한다.

한국 조경의
시대성과 정체성

최정민

조경 분야의 필자들은 '한국 현대 조경'이라는 말을 흔히 쓰곤 한다. 유사한 표현으로 '현대 한국 조경'이 있다. 두 용법은 모두 '한국'이라는 지역적 개념과 '현대'라는 시대적 개념을 내포한다. 전자가 '현대 조경'에 방점이 있다면, 후자는 '한국 조경'에 방점이 있다. 전자가 시대성을 강조한다면, 후자는 정체성을 강조하는 셈이다.

한국 현대 조경이나 현대 한국 조경은 모두 시대성과 정체성이라는 두 가지 개념 축으로 구성된다. 그렇다면 한국 '현대' 조경의 '현대성'은 무엇이고, '한국' 현대 조경의 '한국성'은 무엇인가.

새로움의 추구, 조경

뭐 좀 새로운 거 없어? 한 번쯤 들어봤음 직한 질문이다. 질문보다는 질책이었을 수도 있다. 신상, 새 차, 새 집, 신작로, 신도시는 새로움에 부여하는 가치를 보여준다. '새로운 것'은 '꿈'과 닿아 있다. 신작로가 근대화를 상징하는 공간이었듯 말이다. 새로움newness은 과거와 단절을 선언한 현대modern가 추구한 현대성modernity의 핵심 가치다.

현대 또는 근대는 모두 영어의 모던modern과 통하는 말이다. 웹스터 사전에 따르면, 모던은 과거와의 의도적 단절과 새로운 표현의 탐구라는 뜻을 담고 있다. 모던의 이상, 태도, 가치, 특성이 모더니티modernity다. 모더니티는 근대성 또는 현대성으로 번역된다. "현대성은 동시대의 특성이고, 근대성은 서구에서 계몽주의가 등장한 17, 18세기부터 지금까지의 시간대가 함축하고 있는 총체적 특성"[1]이라고 구분하기도 하지만, 이것이 모더니티의 정의는 아니다. 근대성이나 현대성은 한 단어를 두 가지로 번역한 것이고, 그 용법은 단지 문맥에 따른다. 현대, 현대성으로 번역하기도 하는 또 다른 영어 단어로 컨템포러리contemporary가 있다. 이는 '동시대'라는 뜻으로 상대적 개념이다. 어떤 시대의 사람이든 그들의 동시대가 있다. 18~19세기 영국의 조경가 험프리 랩턴과 다산 정약용은 동시대를 살았고, 조경의 아버지 프레더릭 로 옴스테드와 『서유견문』을 남긴 유길준 역시 동시대 사람이다. 모던과 컨템포러리는 똑같이 현대라고 번역되곤 하지만 완전히 다른 의미임을 알 수 있다.

새로움을 핵심 가치로 삼는 현대성은 거의 모든 기존 질서를 변화시켰다. 『현대성의 경험』을 저술한 미국 철학자 마샬 버먼은 "견고한 모든 것이 대기 속에 녹아버렸다"라고 표현했다.[2] 새로움의 가치를 앞세운 서구의 현대는 시민사회를 성장시켰다. 시민사회의 성숙은 공원이라는 새로운 공간으로 결실을 맺었다.[3] 현대성은 시간 개념이지만 공간을 통해 형성되고 완성되며, 그 공간이 바로 도시다. 도시의 등장과 형성 과정은 전통 공간의 해체 과정이기도 했다. 도시는 현대 공원을 탄생시켰고, 공원은 조경이라는 전문 분야와 조경가라는 전문 직업을 탄생시켰다. 공원이라는 새로운 공간과 조경이라는 새로운 분야는 현대성 기획 modernity project의 하나인 셈이다. 조경과 조경가는 모두 현대 속에서 이루어지고 작동해왔다. 즉, 새로움의 추구는 조경의 탄생 배경이자 존재 이유다. 그래서 우리는 늘 채근받았는지 모른다. 뭐 좀 새로운 거 없어?

현대성의 다른 이름, 식민성

개항과 더불어 태동하기 시작한 한국 현대 조경은 모더니티의 상징적 현장이었다. 한국 최초의 공원인 만국공원(1888년)은 인천항 개항(1883년)과 함께 설정된 외국인 조계지 안에 조성된 공공 정원public garden이었다. 그 후로 각국공원, 서공원, 야마테공원으로 이름이 바뀌었다가 1956년 현재의 이름인 자유공원이 되었다. 이처럼 한국에서 초기의 공원은 서구의 신문물이었다.

식민지 시기가 시작되며 공원과 정원은 신문물인 동시에 역사적 연속성을 단절하고 장소의 신성성을 해체하는 다소 폭력적인 도구로 쓰였다. 장충단공원(1919년)은 국가를 위해 순국한 이들에게 제사를 올리던 장충단[4]의 성스러운 의미를 해체하는 프로젝트였다. 사직단공원(1921년)은 태조가 조선을 개국하며 궁궐, 종묘와 함께 지은 사직단[5]의 신성성을 해체하는 것이었다. 효창공원(1924년)은 왕실 묘를 강제 이장하고 조성한 일본식 공원이었다. 조선의 전통적 지리 체계인 풍수지리에서 한양의 안산에 해당하는 남산에는 일본인을 위한 왜성대공원(1897년)[6]과 한양공원(1910년)[7]이 들어섰고, 국가의 평안을 기원하던 국사당을 헐어

산 위에 들어선 인천 만국공원

남산 왜성대공원

115

낸 자리에 조선신궁(1925년)[8]이 세워졌다. 덕수궁에는 한·중·일 양식이 절충된 구여당이라는 건물과 자수화단이 만들어지고 최초의 서양식 정원이 들어섰다. 창경궁에는 동물원, 식물원, 일본식 정원 등이 꾸며지며 이름도 창경원으로 바뀌었다. 경복궁 근정전 앞에는 거대한 조선총독부 건물이 지어지고, 명성황후의 시해 현장인 건청궁이 헐린 자리에 박물관과 정형식 정원이 조성됐다. 일제는 궁원을 헐고 서양식 정원을 조성하면서 과거 조선에서 죽음의 공간인 무덤과 사당에 주로 심겼던 잔디를 심었다.

자발적 움직임이 없었던 것은 아니다. 최초의 미국 유학생인 유길준은 『서유견문』을 통해 유럽의 개방된 궁원과 동·식물원, 파리의 공원, 미국의 센트럴파크 등을 소개했다. 독립협회를 창설한 서재필은 「독립

덕수궁 정관헌 테라스 정원

116

협회지」와 「독립신문」을 통해 민중 계몽과 도시 미화, 도시 위생 개선과 관련해 독립문과 독립공원의 조성이 필요함을 역설하고 예산 모금을 호소하여 1896년 독립문과 독립공원을 건설했다.[9] 지금은 독립문만 남게 되었지만, 서재필은 뉴욕에서 대규모 공원의 필요성을 역설하고 여론을 형성해 센트럴파크를 조성하는 데 기여했던 「뉴욕 이브닝포스트」 편집장 윌리엄 쿨런 브라이언트와 조경가 앤드류 잭슨 다우닝에 비견할 만하다.

한국 조경의 발전 과정은 크게 보면 서구와 유사한 과성을 거쳤다고 이해될 수도 있다. 정원 문화에 오랜 전통이 있던 상황에서 왕실과 귀족의 수렵원과 정원이 대중에게 개방된 서구와 마찬가지로, 국내에서도 1910년 덕수궁을 시작으로 궁궐들이 개방되며 공원의 역할을 했다. 그

탑골(파고다)공원

런 와중에 독립공원이나 탑골공원처럼 현대적 의미의 공원이 새로 조성되었다. 그러나 서구에서 공원의 태동이 계몽주의와 시민사회의 이상을 구현하고자 하는 근대성 기획modernity project의 결과였다면, 한국에서 공원의 태동은 시민을 위한다는 표면적 이유보다 땅의 신성성과 국가의 정체성을 파괴하려는 식민 기획colonial project에 가까웠다. 서구의 공원 양식이 픽처레스크picturesque 전통에 바탕을 둔, 근대성의 가치인 합리적 이성과 새로움의 미학적 표현이었다면, 한국의 공원은 서구와 일제에 의해 유입되고 이식된 '식민 미학'의 표현이라 할 수 있다.

근대화는 서구 중심의 정신과 가치를 획득하기 위한 과정으로서 전 지구적 규모로 벌어진 식민화 과정이기도 했다.[10] 피식민을 경험한 국가의 입장에서 현대성과 식민성은 하나의 켤레인 것이다. 식민성은 상대 문화의 우월성에 자발적으로 설득되어 자신을 상대에 일치시키려는 태도에서 비롯된다. 이런 태도가 깊어지면 스스로 의식하지 못하고 자발적으로 그 상태를 재생산하는 데 참여하게 된다. 개항기의 개화론자나 개발 독재 시대의 개발론자가 지향했던 근대화는 서구화의 동의어였다. 이들의 논리는 서구의 우월한 문명을 받아들여 우리(동양)의 정신으로 수용한다는 서도동기론西道東器論[11]이었다.

한국 조경은 서구 조경과 근원이 다르다. 이는 역사를 주체적으로 써 온 그들의 상황과 그렇지 못한 우리의 차이일 것이다. 개항기나 지금이나 서구 조경은 한국 조경의 모델이자 규범이다. 우리는 이 땅과 우리의 문제를 서구에 기대어 해결하고자 했다. 바다 건너의 소리에만 신경을 기울이고 내부에서 일어난 자생적 변화에는 무심했다. 서구 조경은 지식의 우월성과 차별화에 이용되었으며 자본의 축적에 이바지해왔다. 한국 조경이 현존하는 사회 문제의 해결책을 조경계 내부에서 주체적으로 모색해 본 적이 있는지 묻는다면 긍정적으로 답하기 어렵다.

한국 현대 조경의 현대성, 박정희의 조경관

앙리 르페브르, 데이비드 하비, 앤서니 기든스, 아르준 아파두라이 등 현대성을 연구하고 규명해 온 학자들은 서구 사회 변화의 핵심 동인을 현대성으로 보는 데 이견이 없다. 그렇다면 한국 조경을 변화시킨 핵심 동인은 무엇일까.

잘 알려진 바와 같이, 한국 현대 조경은 국가 권력에 의해 시작되었고 그 국가 권력의 정점은 박정희 대통령이었다. 고속도로 조경, 공업단지 조경, 오죽헌과 현충사를 비롯한 문화재 성역화, 설악산 국립공원 집단시설지구(1973년), 경주 보문관광단지(1974년), 온양 민속박물관(1975년) 등의 정부 주도 사업들은 곧 '박정희 프로젝트'이기도 했다. 이러한 프로젝트들은 대상지의 시간적 지층과 맥락을 드러내기보다 기교를 부린 배식, 아기자기한 자연석 쌓기 같은 일본 양식과 전통 조경 요소, 옴스테드 스타일을 혼합하여 '자연스러움'이라는 미학적 가치를 내세웠다.

박정희의 조경관은 한국 현대 조경의 현대성을 상징한다. 그의 조경관을 제외하고 한국 현대 조경을 논하는 것은 핵심을 비켜 간 소리에 불과하다. 이런 측면에서 배정한의 논문 "박정희의 조경관"은 통찰력 있는 시선을 제공한다. 그는 "개발의 은폐, 모순된 전통관, 목가적 이상과 같은 한국 현대 조경의 우울한 풍경이 박정희의 조경관에서 시작되었다"라고 진단한다.[12]

"1966년 1월 8일 박정희 대통령은 전 국민에게 조국 근대화에 총력

119

을 기울여 줄 것을 당부하는 연두교서를 발표했다.……조국 근대화론
은 경제개발을 추진하기 위한 전 사회의 단결을 도모하기 위한 것"이었
다.[13] 조국 근대화. 아직도 귓전에 맴도는 것 같다. 근대화 또는 현대화
는 영어 모더니제이션modernization의 번역어다. 현대화는 현대성을 획
득하기 위한 과정이다. 서구의 자본주의를 동경하는 비서구 개발도상
국들은 근대화와 국가 발전을 서구화와 동일시하면서 발전을 위한 전통
문화의 희생을 불가피한 것으로 받아들였다. 프랑스 철학자 폴 리쾨르
는 묻는다. "근대화의 길로 들어서기 위해 한 국가의 존재 이유였던 오
랜 문화의 과거를 버려야 하는가?"[14]

　박정희 시대의 산업화와 개발주의는 우리 사회를 오랜 농업사회에서
공업사회로 단숨에 변화시켰다. 근대화는 경제적 발전을 뜻했고 서구화
또는 서구적 개발과 거의 같은 뜻으로 사용됐다. 개발되지 않은 것은 낙

온양민속박물관

후된 것이라고 계몽되었다. 근대의 이상이었던 계몽주의가 '한국적 계몽주의'가 되어 초가집과 마을 길을 없애고 산과 강의 모습을 현격히 바꾸면서 이 땅의 역사적, 문화적 기억을 지우고 새로 써나갔다. 조경은 철학이나 개념을 강조하기보다 주어진 물량을 소화해내며 개발의 폭력성을 은폐하거나 중화하는 도구로 동원되었다. 이 땅에 도입된 조경은 그것을 존재하게 했던 근대성의 철학과 이상을 추구한 것이 아니라 그 결과만을 추종했다. 그 결과 한국 조경은 시각적이고 기술적이며 도구적인 경향을 띠게 되었다. 조경 교육은 기술 중심이었다. 조경이 삶의 일부를 구성한다는 차원보다 도구적 측면만 강조되어 기술적 면모 위주로 통용되는 현실은 이처럼 연원이 깊은 구조적 문제이기도 하다.

일본식 취향과 서구 양식을 반성 없이 받아들이고 실천을 위한 교의로 삼으면서 우리가 가진 오랜 정원 문화와 정신은 조국 근대화라는 이름 아래 묻혔다. 동시에 정권 홍보와 체제 수호라는 의도를 품은 전통의 계승, 문화적 주체성 회복이라는 기치를 내건 사업들은 단절된 연속성을 복원하기보다 특정 시기—주로 조선시대—의 규범화된 양식을 대상지에 투사하는 것으로 귀착되곤 했다. 조경은 동시대의 압도적인 개발이 남긴 상처를 생태적으로 '분석'하여 '자연스럽게' 중화하는 것을 덕목으로 삼았다.

현대성의 또 다른 이름, 정체성

전통 개념을 연구한 에드워드 쉴즈는 전통에 기반을 두지 못한 '근대의 기획'이 계급 구조와 갈등의 심화, 소외, 적대, 국가 간 갈등, 과학기술의 남용, 식민화, 환경 파괴와 같은 파행을 낳았다고 지적한다.[15] 전통과 정체성의 문제는 이러한 파행적 현실에 대한 반성의 시각에서 대두됐다. 전통이라는 말이 생겨나고 학문적 개념어가 된 것 자체가 근대의 일이고 근대적 현상이다.[16] 그런 면에서 전통과 정체성 문제의 부상은 모두 현대적 징후이며 자기를 구하려는 몸짓이다.[17] 이런 몸짓은 한국 조경에서도 꾸준히 있었다.

경주 보문관광단지(1974년)는 고도 경주의 역사성과 한국적 전통의 표현이라는 당시의 의무감을 잘 보여준다. 경주의 정체성이 신라에 있는지 조선에 있는지에 대한 고민이나 전통 요소를 현대적 재료와 기법으로 재현하는 문제에 대한 숙고 없이 전통 요소를 자연스럽게 도입했다. 독립기념관(1982~1987년)은 전통 조경 양식을 현대적으로 재현하고자 한 대표적 프로젝트다. 강력한 직선 축을 포함한 모더니즘의 기하학적 설계 언어가 곡선으로 이루어진 동선과 자연형 배식, 지형 조작 등 낭만적 경관 요소와 혼합되어 있다.

이러한 양상은 한국적 조경과 정체성 구현이라는 무거운 주제를 상정했으나 미약한 방법론으로 접근했던 상황을 드러낸다. 정체성 그 자체이자 실마리에 해당하는 땅의 지문과 문화적 연속성을 지워놓고 한국적 공간을 만들고자 과거로 돌아가서 정체성을 찾은 것이다. 한편 천지인이나 음양오행, 과거-현재-미래와 같이 대상지와 별다른 관련이 없는 거대 담론을 대입하기도 했다. 정체성 구현이라는 과제는 모더니스트의 태도를 가지고 맥하그의 방법론으로 분석하고 전통적 형태와 요소들을 외삽하여 옴스테드식 평면으로 결론 맺는 일련의 과정으로 수행되었다. 이는 하나의 관성이 되어 한국 현대 조경을 대표하는 작품으로 손꼽히는 올림픽공원, 여의도공원, 파리공원 등에 적용되었다.[18]

독립기념관

올림픽공원(1984~1987년)은 백제 때의 몽촌 토성이 공원 가운데 위치
하고 가장 넓은 면적을 차지하지만 중심 주제는 아니다. 그보다는 위계
를 드러내는 축과 유려한 곡선 산책로, 동선과 녹지의 명확한 경계, 넓
은 잔디밭 등이 중심 주제이다. 여의도공원(1996~1999년)의 설계 개념
은 과거(숲과 잔디마당), 현재(포장 광장), 미래(생태의 숲)라는 통시적 시간 개념
이다. 논리적 전개인 것처럼 보이지만 대상지에 담겨 있는 시간적 연속
성이나 공간적 맥락과는 관계없이 남북으로 길쭉한 땅을 구획하는 개
념으로 사용되었다. 이러한 설정과 공간 구획은 당시 조경설계의 보편
적 방법이기도 했고 우리가 배워온 방법론이기도 하다. 한국 근현대사

올림픽공원

여의도공원

의 무수한 사건과 의미를 담은 여의도광장(5.16광장)의 기억과 상징은 여
의도공원에 의해 지워지고 해체되었다. 기억이 지워지고 해체된 대상지
에는 시간적 연원과 공간적 출처가 다른 생태와 전통, 현대적 일상이 불
안하게 동거하는 모습으로 새로 담겼다. 한국의 조경설계를 변화시키는
데 영향을 미친 중요 작품으로 평가받는 파리공원(1986~1987년)의 목표
는 조형미, 일상성, 한국성의 실험이었다. 조형미는 열주와 가벽, 강렬한
색채 등으로 표현되고 한국성은 벽감과 포장, 영지 등으로 표현되었다.
목표와 크게 관계없어 보이는 마운딩과 구불구불한 산책로 같은 당시의
관성도 그대로 구사되었다.

파리공원 모형

125

현대성의 징후이자 자기를 구하려는 몸짓인 전통 계승이나 정체성 구현 문제가 꾸준히 논의되었다. 사대부의 정원에서부터 궁궐 조경에 이르기까지 풍부한 조경 문화와 역사를 가진 한국 전통 조경은 급변하는 역사 속에서도 유지되어왔고, 최근에는 생태적·문화적 가치로 재해석되고 있다. 그러나 현대에서 대중적인 의미와 지지를 얻고 있다기보다 상징적 참조 체계의 역할에 그치고 있다. 오히려 한국 조경은 전통이나 지역적인 가치가 반영된 결과라기보다는 서구 영향의 결과라고 할 수 있다. 서구로부터 이입된 전문 분야로서 한국 조경은 서구의 경향으로부터 자유로울 수 없었다.

대안적 현대성: 진화하는 한국 조경

현대화 과정에 주목해 글로벌 문화 현상을 연구한 아르준 아파두라이 Arjun Appadurai는 비서구 국가들이 미국화되기보다 자생적으로 진화하고 있다고 설명한다. 아파두라이는 이러한 현상을 "대안적 현대성 alternative modernities"이라 말한다.[19] 이 관점에 따르면 한국 조경의 전개는 전통적인 것과 국제적 상황(사조)이 혼합되며 '한국화'하는 자생적 진화 과정으로 이해할 수 있다.

한국 조경의 자생적 진화 양상이 드러나는 사례로 한국적 소공원 pocket park 운동[20]이라 할 수 있는 '쌈지공원'이 있다. 중계 쌈지공원 (1990년)은 서울 고지대의 영세민 밀집 지역에 위치한 부지 조건과 주민들의 생활 양식으로부터 설계 아이디어를 이끌어내고 지형 조건을 살려 공간을 조형한 사례다. 이 공원은 서구 소공원의 장점을 수용하면서 한국적 정서를 담으려는 자생적 노력으로, 한국적 발상으로 시도된 최초

중계 쌈지공원

의 도시 소공원이라 평가받았다. 또한 현존하는 사회 문제를 조경의 관점에서 바라본 최초의 사례로 평가받기도 했다.[21]

현대 조경은 지역의 고유성과 역사적, 공간적 연속성을 강조함으로써 공원의 정체성을 획득하는 경향이 강하다. 이러한 경향에 해당하는 조경설계는 지역적 맥락을 실마리 삼아 지역과 장소의 정체성을 재창조하는 선순환 과정을 보여준다. 땅과 지역은 현대 조경설계의 주요 주제이자 정체성 형성의 실마리이다. 이러한 동시대 조경의 경향과 한국 조경은 직간접적으로 교류하고 있다.

서울의 하늘공원과 평화의공원은 캘리포니아의 빅스비 파크Byxbee
Park나 뉴욕의 프레시킬스Fresh Kills 같은 프로젝트와 동시대의 문제의
식을 공유하는 사례다. 도시 성장과 산업화에 따라 쓰레기 더미가 쌓
인 대상지 조건이 같고, 이를 바탕으로 새로운 경관을 모색하고자 한 목
표도 같다. 하늘공원의 설계자는 빅스비 파크를 선례로 참고했다고 밝
히기도 했다.[22] 평화의공원은 리스본의 테호 트랑카오 공원De Parque
do Tejo e Trancao의 영향이 엿보이는 공원이다. 미국조경가협회ASLA 상
을 수상한 선유도공원(2002년)은 산업 이전적지를 공원화한 시애틀의 개
스워크 파크Gas Works Park와 독일의 뒤스부르크-노르트 파크Duisburg-
Nord Landscape Park를 벤치마킹했다고 알려져 있다. 설계공모를 통해 조
성된 서울숲(2003년)은 토론토의 다운스뷰 파크Downsview Park와 뉴욕의

선유도공원

프레시킬스 설계공모로부터 영향을 받았다.[23]

　　한국 현대 조경은 근대화 또는 서구화 과정에서 맞닥뜨리고 수용한 서구의 문화에 기반을 두며, 이는 여전히 한국 조경의 선례이자 역할 모델로 유효하다. 한 문화와 다른 문화의 만남은 필연적으로 해석의 과정을 동반하고 그 과정 속에는 수많은 선택이 녹아 있다. 따라서 한국 조경은 한국적 현실과 국제적 경향이 만나고 부딪치며 혼합되고 한국화되는 진화 과정으로 볼 수 있다. 한국 조경이 안고 있는 숙제가 명쾌하게 해결되지 않는 까닭은, 한국 조경에는 서구 조경의 경향을 대입해 풀어낼 수 없는 특수한 현실이 있고 따라서 서구의 경향이나 이론만으로 해결되지 않는 면이 많기 때문이다.

평화의공원

하늘공원

시대성과 정체성의 이중주를 위하여

"현대 조경은 새로운 고안을 두려워하지 않는다. 문제는 그 새로움이 지역성에 초점을 두지 않는 것이다. 조경은 무엇보다 땅에 기반함에도 불구하고."[24] 현대성의 관점에서 볼 때 조경의 역사는 새로움을 찾아 나선 여정과 다름없다. 조경가들이 새로움을 찾는 것은 존재 이유이자 숙명이기도 하다. 그러나 독창성 또는 '나의 아이디어'라는 이름으로 늘 새로운 것을 고안하고 제시하지만 동어 반복인 경우도 많다. 한국 조경 역시 프로젝트마다 신중하게 고민해 다양한 개념을 동원해왔으나 결과물의 차이가 두드러지지 않는 경우가 많다. 대상지와 동떨어진 개념으로 설계를 포장하거나 작가의 아이디어라는 이름으로 개념을 대상지에 투사하기 때문이다.

새로움의 생명은 짧다. 새로운 것은 또 다른 새로운 것에 의해 낡은 것이 된다. 그 주기는 시대가 지날수록 점점 짧아진다. 그런데 첫인상은 강렬하지 않지만 세월이 지나면서 자연스레 주변과 하나가 되는 친화력을 지닌 것들이 있다. 조경도 그 가운데 하나일 수 있다. 시간이 지날수록 친화력을 지니고 가치를 드러낼 수 있는 조경에 대한 고민이 필요하다. 시간의 흐름에 따른 조경의 친화력을 이루는 단초는 이 땅과 우리의 현실일 것이다. 정체성은 과거로의 회귀나 수구적 태도로 형성되는 것이 아니라 지역적 차이와 고유한 현실을 고민해 얻을 수 있는 가치다. 그러므로 현대 조경에서 정체성을 논하는 것은 땅과 장소에 대한 태도의 문제이자 설계 전략에 대한 고민이기도 하다. 사람의 개성이 모두 다른 것처럼 대상지의 성격과 조건, 땅이 지닌 기억은 모두 다르다. 땅의 조건과 기억이 다른 대상지는 다른 정체성을 가진다.[25] 시대가 바뀌고 조경에 대한 정의가 바뀌어도 사람과 땅이라는 조경의 가치와 토대는 바뀌지 않을 것이다. 현대성과 정체성은 현실을 인식하는 틀이자 현대 조경의 중요한 코드다.

"건축가는 창조하지 않는다. 다만 현실을 변형할 뿐이다"라는 알바로 시자의 말을 빌리면, 설계 행위는 백지 상태의 대상지에 그리는 형태적 실험이 아니라 지역의 연속성이라는 밑그림을 토대로 '차이의 구현'을 실천하는 행위다. 조경은 다른 어떤 분야보다도 지역적 가치를 드러낼 여지가 클 뿐만 아니라 지역의 고유성을 필요로 하는 작업이다. 조경 작업은 공원이나 정원을 완공함으로써 종결되지 않고 지역화를 가능하게 하거나 촉진하는 계기가 된다. '지역적인 것'에 주목하여 설계 개념과 전략을 끌어내고 지역성을 재창조해 '세계적인 것'으로 거듭나게 하는 현대 조경의 경향에서 배워야 할 것은 인쇄 자본주의에 의해 유포되는 '이미지'가 아니라 지역적인 것을 '사고하는 방식'이다.

1 윤평중, 『푸코와 하버마스를 넘어서: 합리성과 사회 비판』, 교보문고, 1990.

2 "All that is solid melts into air." 마샬 버먼, 『현대성의 경험: 견고한 모든 것은 대기 속에 녹아버린다』, 윤호병·이만식 역, 현대미학사, 1994.

3 왕실과 귀족의 사냥터와 정원이 개방되어 공원이 탄생한 것은 오랜 시간에 걸친 시민사회의 성숙이 맺은 결실로, 노동자 계급과 새로운 중산층에게 준 사회적 선물이었다. 공원은 모더니티 프로젝트의 하나였다.

4 장충단은 1900년(광무 4년) 국가를 위해 희생된 사람들에게 제사를 지내기 위해 설치되었다. 1919년 일제는 장충단 비를 철거하고 '일본식 공원'을 만들었다.

5 사직단에는 토신을 제사하는 국사단을 동쪽에, 곡신을 제사하는 국직단을 서쪽에 배치하고, 신좌를 북쪽에 모셔 1년에 세 번 제사를 지냈다.

6 1897년 일제는 예장동 일대 1ha 규모의 땅을 빼앗아 왜성대공원이라 명명하고 분수대, 휴게소 등을 시설했다.

7 한양공원은 왕실이 남산 서북쪽 땅 30여만 평을 영구 무상대여한 곳에 조성됐으며, 1910년 한양공원이라는 명칭으로 임금으로부터 현판까지 하사받았다. 강신용, 『한국근대 도시공원사』, 도서출판 조경, 1995.

8 남목멱대왕을 모신 목멱신사는 나라가 세운 신당이라 하여 국사당이라고도 했다. 국사당은 지금의 남산 정상 팔각 광장에 있었다고 전한다.

9 독립문과 독립공원은 사대주의의 상징인 영은문을 헐고 자주독립국임을 국내외에 선포하기 위해 1896년 7월부터 시작한 전국민적 모금 운동의 성금으로 공사를 시작했다. 1963년 사적으로 지정되었으며, 1979년 성산대로를 건설하며 원래 위치에서 북서쪽으로 70m 떨어진 현재 위치로 옮겼다.

10 강혁, "세계화, 장소의 상실, 그리고 지역주의", 『이상건축』 2001년 12월호.

11 이러한 시각은 '우월한 서양'과 '열등한 동양'이라는 전제를 당연한 것으로 단정하고 서구적 시각에서 바라보는 오리엔탈리즘(orientalism)의 전형이다. 우실하, 『오리엔탈리즘의 해체와 우리문화 바로 읽기』, 조합공동체 소나무, 1997.

12 배정한, "박정희의 조경관", 『한국조경학회지』 31(4), 2003, pp.13~24.

13 한국학중앙연구원, "조국근대화", 『한국민족문화대백과사전』, http://encykorea.aks.ac.kr/Contents/Item/E0073426

14 폴 리쾨르는 현대가 단일하고 보편적인 문화의 확산을 촉진함으로써 세계를 균질화시키고 있다고 지적한다. 폴 리쾨르, 『역사와 진리』, 박건택 역, 솔로몬, 2006. 이러한 문제의식은 케네스 프램튼의 "비판적 지역주의"의 철학적 기반이 되었다.

15 에드워드 쉴즈, 『전통: 변하는 것과 변하지 않는 것』, 김병서·신현준 역, 민음사, 1992.

16 에릭 홉스봄 외, 『만들어진 전통』, 박지향·장문석 역, 휴머니스트, 2004.

17 조한혜정, 『(탈식민지 시대 지식인의) 글 읽기와 삶 읽기 2: 각자 선 자리에서』, 또하나의문화, 1994.

18 2005년 『환경과조경』이 꼽은 한국 현대 조경의 대표작 열 개는 다음과 같다. 1.선유도공원, 2.올
림픽공원, 3.하늘공원, 4.일산호수공원, 5.길동 자연생태공원, 6.평화의 공원, 7.여의도공원, 8.파
리공원, 9.양재천, 10.희원. 『환경과조경』 201, 2005, pp.48~163.

19 아르준 아파두라이, 『고삐 풀린 현대성』, 차원현 외 역, 현실문화연구, 2004.

20 미국 최초의 포켓파크는 로버트 자이언이 설계한 팔레이 파크(Paley Park, 1966년)다. 팔레이
파크는 소공원 운동의 이론적 토대가 되었다.

21 김한배, "공원인가, 제3의 공간 유형인가?", 『환경과조경』 61, 1993, pp.78~83.

22 진양교, "하늘에 걸린 초원: 난지하늘초지공원의 공간과 의미", 『환경과조경』 150, 2000,
pp.92~97.

23 이러한 경향은 서울숲 설계공모의 참가작들이 채택한 다이어그램, 맵핑, 레이어플랜, 포토몽타
주 같은 설계 매체들을 통해 잘 나타난다. 이상민, 『설계 매체로 본 한국 현대 조경설계의 특성:
현상설계 작품을 중심으로』, 서울대학교 대학원 박사학위논문, 2006.

24 John Dixon Hunt and Michel Conan, eds. *Tradition and Inovation in French Garden
Art: Chapters of a New History*, Philadelphia: University of Pennsylvania Press,
2002.

25 Linda Pollak, "Constructed Ground: Questions of Scale", in *The Landscape
Urbanism Reader*, Charles Waldheim, ed., New York: Princeton Architectural
Press, 2006, pp.125~140.

개발 시대의 조경,
그 결정적 순간들

박희성

개혁과 변혁의 순간은 어느 나라든 극적이지만 대한민국처럼 근대로의
전이를 역동적으로 경험한 경우는 많지 않다. 조경 역시 지난 50년간
대한민국의 발전 과정과 궤를 같이하며 압축적이고 급진적으로 한국
사회에 정착했다.

국토 환경의 보존과 도시 건설에 따른 그린 인프라 구축이라는 두 축
위에서 조경은 토목 건설로 훼손된 경관을 복구하는 역할을 하기도 했
고, 때로는 도시에 필요한 공공 오픈스페이스를 구축함으로써 도시민
의 삶의 질을 높이는 데 일조했다. 조경의 공식적인 출범은 1972년 한
국조경학회가 창립되고 이듬해 서울대와 영남대에 조경학과가 신설되
며 조경 전문가 양성 교육이 시작된 때이지만, 실천 행위로서 조경의 시
작은 전후 복구 시기인 1950년대로 거슬러 올라간다.

1953년 한국전쟁 휴전과 동시에 서울을 비롯한 부산, 울산 등 대도
시는 도시 부흥을 위한 재건 계획을 수립하고 국토 재건에 박차를 가하

게 된다. 국토 재건에는 두 갈래 목표가 있었다. 하나는 피폐한 산림을 회복하는 일이었고, 다른 하나는 전쟁으로 파괴된 도시를 새롭게 건설하는 일이었다. 특히 산림 자원은 식민지기에 횡행한 벌채 문제에 전쟁 후유증까지 겹쳐 그 심각성이 도시의 경우를 능가했다. 우리 국토는 3분의 2가 산지인 데다 도시가 산을 품지 않은 경우가 드무니, 국토 녹화가 상당히 중요한 국가 과제였음을 가늠할 수 있다.

정부는 도시 내 자연공원 확대 지정, 국립공원 제도 실행, 그린벨트 지정 등의 정책을 추진하고 산지 사방과 홍수 조절 사업 등을 시행해 국토 환경이 처한 문제를 해결하고자 했다. 한국 조경이 토건 사업과 함께 출발한 것은 이러한 배경에 기인한다. 도시공원과 유원지, 운동장 등 역사, 문화, 휴식, 관광, 위락을 고려한 조경 공간이 없지는 않았으나, 이들 시설은 도시계획을 통해 체계적으로 조성되기보다 반공 이데올로기를 앞세운 정치적 목적이나 경제 성장을 위한 대국민 단결 등 범국민운동의 일환으로 운영되곤 했다.

이 글은 국토 녹화의 일환으로 출발한 한국 조경이 성장하고 발전하는 과정에 관여한 중요 이슈를 짚어보고자 한다. 각 이슈는 한국 조경이 매 걸음 도약하는 결정적 배경이었으며, 예기치 못한 부작용이나 한계를 야기했다는 공통점도 발견할 수 있다. 한계는 또 다른 성장의 기회를 제공하기도 한다는 점에서 이 글을 통해 한국 조경이 맞이할 또 다른 미래를 가늠해볼 수 있을 것이다.

사방 녹화에서 도시 미화로: 전국토공원화운동

아이러니하게도, 정치적으로 억압되고 암울했던 1980년대는 대한민국이 활기차고 역동적인 국가 이미지를 구축하는 데 성공한 시기로도 평가된다. 이러한 결과의 주역은 단연 1986년 서울아시안게임과 1988년 서울올림픽대회다. 정부는 건국 이래 최대 규모의 국제대회를 손수 치러야 한다는 부담이 컸다.[1] 이는 비단 경제 문제를 넘어서는 일로, 전문가 집단의 집약적 활약과 국민의 총체적 협조가 필요했다.

그나마 다행이었던 것은 국제경기장이 들어서는 잠실 지역이 한강 이남 개발을 골자로 하는 3핵 도시개발안(1974년)에 부도심 개발지역으로 포함되어 있었다는 점이다. 덕분에 정부는 잠실 일대에 한강 개발사업을 통한 공유수면 확보, 동서-남북 간의 교통망 확충, 국제경기장 신설, 선수촌 아파트 건설, 올림픽공원·석촌호수 등 대규모 공원녹지 조성까지 국제대회를 고려한 대규모 도시계획을 차근히 추진할 수 있었다. 올림픽 준비는 서울에 국한되지 않았다. 경기는 부산, 대구, 대전, 광주 등 광역도시에서도 치러야 했고 외국인 관광 수요에 대한 대비도 필요했기 때문에 전국의 주요 도시마다 환경 개선 문제가 급부상했다.

이에 따라 정부는 범국가적 환경개선 정책으로 '전국토공원화운동'을 추진한다. 1970년대부터 시작한 새마을운동과 자연보호운동에서 효과를 확인한 정부는 공공 공간의 관리에 대해 전 국민의 관심과 협조를 끌어낼 수 있는 또 하나의 범국민운동을 계획한 것이다. 1985년 3월, 내무부는 전국토공원화운동을 공식 발표하고 국제대회를 위한 국토 환경의 질적 향상을 목표하는 사업을 전국적으로 시행한다. 10년 넘게 진행된 일련의 사업은 조경의 역할과 인식 확산에 크게 기여한다.

전국토공원화운동의 면면을 보기에 앞서 '공원화'를 사업명으로 내세웠다는 점에 주목할 필요가 있다. 사업에 참여했던 서울대학교 환경

대학원 양병이 교수가 "(이 운동은) 전 국토를 푸른 숲과 아름다운 꽃으로 덮인 공원과 같이 만들어보자는 것"이라 언급했듯,[2] 전문가들은 공원을 국토 환경 개선을 위한 기본 수단으로 보고 국민에게 양질의 전원田園을 경험하게 하는 데 목표를 두었다.

"오늘날의 국토공원화운동은 역사의 공백 속에서 일어난 것이 아니며, 역사적 뿌리를 지닌다."[3] 전국토공원화운동이 어느 날 갑자기 등장한 일이 아니라 시대의 요청임을 드러내 사업의 타당성을 강조한 점도 주목할 만하다. 영국, 독일, 미국 등 해외 주요 국가에서 공원과 녹지가 도시계획의 중심 요소로 자리 잡는 현상을 배경으로 공원의 기능과 보편성이 설명되기도 했다. 국내의 경우, 청소를 통해 자연을 정화하고 파괴된 자연을 복구하는 노력에 집중한 상황이었는데, 앞으로는 이를 넘어 국토를 가꾸는 단계로 나가야 하며 국제대회를 앞둔 지금이 바로 시의적절한 때임이 강조되었다.

"국토공원화운동은 자연보호운동이고, 국민정서선양운동이며, 국민교육문화운동이다."[4] 새마을운동의 구호를 능가하는 이 문구는 범국민 운동을 일으키겠다는 국가의 강력한 의지를 보여준다. "국토공원화 운동에 궁극에는 국민을 선善하게 교화하는 데 있다." 운동의 방향성을 드러내는 이 문구는 자연과 도시를 선과 악의 대결 구도로 본 프레더릭 로 옴스테드가 센트럴파크를 만들며 꿈꾼 공원의 사회 교화 기능을 떠올리게 한다. 1960~70년대는 개발과 보존이라는 양단의 문제가 동시에 화두가 된 시기였다. 특히 자연환경이 전쟁 후유증과 국토개발의 이중고에 놓이면서 개발제한구역 지정, 치산녹화 10개년 계획, 자연보호운동 추진과 같은 궁여지책이 시행됐다. 그리고 조경은 우리가 잘 아는 것처럼, 개발로 훼손되는 국토 환경의 극복 수단으로 등장한다. 조경의 존재 이유인 '인간'은 빠지고, 도시 인프라 구축으로 파헤쳐진 땅을 '녹화'로 은폐하거나 화장하기 위해[5] 조경이 투입된 것이다. 그에 비해 전국토공원화운동은 국민의 정서 선양, 교육, 문화라는 키워드를 내세움으로써 조경이 복구와 치장이 아닌 인간다움의 회복이라는 본연의 역할로 자리매김하길 바라는 의지를 표명했다. 전국토공원화운동은 결국 미화와 치장에 한정돼 실행된 측면이 있지만 조경 행위의 궁극적 목표가 인간의 행복에 있다는 데 목소리를 내고 국민의 이해와 동참을 이끌었다.

전문가의 예상대로 전국토공원화운동은 목적 지향적이고 성과 중심적이었다. 4개년으로 계획된 이 사업은 올림픽대회 개최 준비 기간인 1985년부터 1988년까지 집중적으로 진행됐고, 주요 지역에 녹화계획을 수립하며 추진됐다. '국토에 붉은 땅이 보이지 않게 하라'라는 구호에 맞춰 전국 각 시·도·군의 주요 도로와 도로 진입부, 철도변, 도간 경계 구역, 유휴지와 절개지 등에 각종 화훼류와 유실수, 시·도 고유 수목 등을 심도록 했다. 사업 내용은 꽃길 조성과 가로 화단, 꽃탑, 꽃 진열대 등의 설치, 소공원 조성, 절개지 녹화, 야생화 단지 조성 등으로 대부분 국토 미화에 치중한 것들이다. 전문가들은 관 주도로 가시적이고 손쉬운 내용부터 시작하는 게 바람직하지만 최소 10년 이상 지속되는 시책으로 지원해 민간 주도 사업으로 전환하고 전문 조직과 기술 축적을 견인하자고 조언했다. 하지만 당시 정부는 국제 행사를 대비하고 관광을 유인하는 것이 급선무였기 때문에 전국토공원화운동을 새마을운동의 연장 사업으로 여기고 미화 이상으로 나아가지는 않았다.[6]

전국토공원화운동이 전국 곳곳에 조경의 기반을 확산하는 계기를

마련했다는 점은 부인할 수 없는 사실이다. 도시 미화의 질적 수준을 전
국적으로 균등하게 관리하게 된 성과가 분명히 있었다. 그러나 이 사업
은 조경의 의미와 기능을 혐오 시설 은폐와 공공 공간 미화에 그치게
한 결정적 원인을 제공했다. 이로 인해 조경 본연의 기능과 역할이 충분
히 이해되지 못한 채 왜곡되고 확산되어 대중의 인식이 나아가지 못했
다는 점은 아쉬운 부분이다.

거점 공원에서 도시 공원녹지로: 서울시 공원녹지 확충 5개년 계획
두 차례의 국제대회는 국토 미화 사업을 일으키는 데 머물지 않고 기념
공간과 문화 공간의 조성으로 이어졌다. 국립현대미술관(1986년), 예술의
전당(1986년), 독립기념관(1987년), 올림픽공원(1988년) 등 이른바 복합문화
시설이 대규모 조경 공간을 갖추고 지역의 거점 공원 역할을 했다.

대표 사례인 서울의 올림픽공원은 국제경기장 다섯 개를 아우르는
대규모 공원으로, 국립경기장 단지계획 현상공모와 국립경기장 단지 기
본계획 및 설계를 거쳐 조성되었다.[7] 소셜미디어에서 종종 포착되는 올
림픽공원의 대표 장면에는 우리가 흔히 알고 있는 이국적 전원 풍경, 즉
옴스테드가 센트럴파크에 구현한 목가적 전원의 이미지가 겹쳐 보이기
도 한다. 그러나 올림픽공원이 무엇보다 특별한 점은 한성백제기 하남
위례성의 주성主城인 몽촌토성과 해자에 기대어 있다는 점이다. 사실 몽
촌토성은 공원 주변을 개발하는 과정에서 발견되었다. 토성을 허물어낸
흙을 당시 진행 중이던 잠실지구 매립 공사에 이용하자는 주장 때문에
토성이 자칫 사라질 뻔한 전력도 있다. 그러나 다행스럽게도 보존이 결
정되면서 토성과 해자는 극적으로 살아남아 공원으로 변용되었다.[8] 올

림픽공원은 토성 일대의 경관이 보존됨에 따라 역사와 체육, 문화가 창의적으로 결합된 독특한 풍경을 만들어냈다.

올림픽 개최 준비 기간의 또 다른 특징으로는 국제대회의 영향으로 생긴 많은 문화 공간을 국민에게 문화적 자긍심을 심는 방향으로 만들려 했다는 점을 꼽을 수 있다. 조경은 전통 조경 양식을 적용하는 방법으로 그러한 움직임에 대응했다. 조경은 옛 정원의 구성 요소, 배치 방식, 유형별 패턴 등을 모방·적용하는 방식을 취해 우리 문화를 외면적으로 표출하고자 했다. 이는 한국성을 국제적으로 알리려는 의지의 발현으로 볼 수 있지만, 전통의 형식과 형태에만 집착하는 경향을 낳기도 했다. 전통의 형식을 강조한 시설은 대부분 기념성과 상징성, 대표성을 강조하는 반면 도시 맥락을 고려하거나 주변 환경을 개선하려는 의도는

올림픽공원의 몽촌토성과 해자

부족했다. 문화 시설을 포함한 거점 공원은 도시의 점적 요소 이상의 역할을 하지 못했고, 녹지의 기능은 주요 공간을 위한 배경이자 외부 공간을 마감하고 때로는 차폐하는 것에 국한되었다. 결국 조경은 도구적 역할에 갇히는 한계에 놓였다.

이후 조경은 1995년 민선 지방자치제가 시행되면서 또 한 번의 큰 변화를 맞는다. 1990년대 '민선자치시대'는 사회 분위기를 이전과는 전혀 다른 방향으로 이끌었다. 시정이 시민 중심으로 전환되었고 지역, 시민, 안전, 복지 등이 시정의 주요 키워드로 등장했다. 국민이 국가를 위해 희생과 봉사를 강요당하기보다, 국가가 국민을 위해 복지 공간을 진정성 있게 제공하는 시대가 도래한 것이다.

공원과 녹지는 공공성, 공익성, 형평성 등을 표방하는 정책의 수단

형태적 아름다움이 돋보이는 올림픽공원의 구릉

으로 더할 나위 없이 훌륭한 카드였다. 지방자치제가 시작된 이듬해인 1996년, 서울시는 '공원녹지 확충 5개년 계획안'을 발표한다. 이 정책은 훗날 조경의 발전을 촉진하는 중요한 분기점 역할을 하게 된다. 도시공원법에 따른 공원녹지기본계획은 실천이 담보되지 않는다는 문제를 안고 있었는데, 초대 민선 서울시장의 의지가 담긴 공원녹지 확충 5개년 계획은 조례를 개정하고 관련 부서마다 업무를 지정해 책임지게 하는 등 실천에 필요한 사항을 사전에 조치했다. 이로 인해 계획안에 포함된 추진 업무 대부분이 성과로 이어질 수 있었다.

1997년 서울시는 "공원녹지 예산을 1천1백50억 원에서 4천8백20억 원으로, 319%를 늘려 공원녹지 확충 5개년 계획에 대한 사업비를 우선하여 배정"[10]했고 행정 조직 체계를 재편해 공원녹지를 조성하고 운영하기 위한 동력을 확보했다. 4급이었던 환경과를 1급인 환경관리실로 격상시키고 도시계획국 산하에 있던 공원과와 녹지과를 환경관리실에 흡수시켜 공원녹지 확충에 필요한 제도와 인력을 마련했다.[11]

서울시가 1996년 시작해 2000년까지 추진한 공원녹지 확충 5개년 계획의 최종 목표는 '21세기 푸른도시 건설'이었다. 서울시의 녹지 총량과 녹화 면적을 확충하고, 나아가 도시 환경의 생태 기능을 회복하고자 했다. 공공 시설에 집중됐던 녹화 대상을 가정과 빌딩 등 민간 시설로 확대하고 도로-녹지대-지역근린공원-근교자연공원으로 이어지는 녹지 체계를 구상했다. 또한 1인당 공원 면적을 정량적으로 늘리는 방법을 통해 녹지의 밀도를 실질적으로 높이고자 했다.[12]

5개년 계획의 세부 내용은 '공원화 사업'과 '시가지 녹화 및 녹지관리 체계 개선', '시민녹화운동 전개'로 정리된다.[3] 우선, 기존에 추진하던 거

여의도공원

점 공원 조성 사업을 훨씬 적극적으로 추진했다. 지하철역 주변의 자투리 땅이나 학교의 유휴지에 공원녹지를 조성하고, 숲의 상태가 양호해 개발이 바람직하지 않다고 판단되는 풍치지구 또한 공원으로 확대 지정했다. 시민들이 공원과 녹지를 접촉할 기회를 늘리는 이러한 전략은 국가의 권위와 상징을 우선시했던 기존의 사업 방식과 사뭇 달랐다.

서울을 대표하는 공원인 여의도공원과 서울광장, 월드컵공원은 이때 조성되거나 계획되었으며 공장 등의 이전적지를 공원화한 것도 이때부터다. OB맥주공장 자리는 영등포공원, 파이롯트공장 자리는 천호공원, 전매청 창고 부지는 간데메공원, 시립영등포병원이 떠난 자리는 중마루공원이 되는 등 이전적지의 공원화 사업이 활발히 진행되었다. 여기서 누적된 경험은 훗날 선유도공원과 서서울호수공원을 만드는 밑거

영등포공원

름이 됐다. 드라마와 예능 프로그램의 인기 촬영지인 낙산공원도 이 시기에 조성됐다. 1960년대에 무분별하게 들어선 아파트와 주택을 정리하고 만든 낙산공원은 한양도성의 역사적 가치를 잘 드러내고 시민들이 즐겨 찾는 명소로 거듭났다.

시가지 녹화 개선과 관련해서는 사유지를 매입해 마을마당을 조성함으로써 주민들의 휴식 공간을 제공하거나 지하철역 주변을 정비했다.[14] 보행자를 위한 보차공존형 도로 확대 조성 사업은 조경설계로 인해 보행 환경이 얼마나 쾌적해질 수 있는지 보여주었으며, 2007년까지 27개소 14.38km의 거리를 개선하는 성과를 냈다. 1997년 '덕수궁길 걷고 싶은 녹화거리'(0.9km)는 그 시작을 알리는 시범 사업이었다. 이 사업은 차량 중심이었던 덕수궁길의 차도를 여건에 맞게 축소하고 보도를 확장하는 방법을 취했다. 당시에는 매우 파격적인 시도였다. 차도를 곡선화해 차량의 속도와 소음을 줄이고 차량 통행 시간을 과감히 통제하는 등 보행자를 위해 많은 공간을 할애했다. 넓어진 보행 공간에는 수목을 충분히 심고 벤치와 포장재를 정비해 시민들에게 긍정적인 반향을 불러일으켰다. 시민녹화운동으로는 옥상정원 활성화와 건물 실내조경 촉진, 한 가정 한 그루 나무 심기 전략을 실천했다.[15] 이러한 실천은 공공 공간 가꾸기를 넘어 생활권 중심의 녹화를 추진한 것으로 볼 수 있다. 이 운동은 공공 주택의 외부 공간을 가꾸려는 관심으로 연결되었고, 결과적으로 조경 산업을 크게 성장시키는 계기로 작용했다.

요컨대 서울시 공원녹지 확충 5개년 계획은 도시 내 공원녹지의 체적을 키우고 시민과의 접면을 넓히는 데 유효한 역할을 했다. 근린공원, 어린이공원 등 생활권 공원과 도시환경림이 증가했으며 자연생태계 복원이나 조경 중심의 가로 계획에도 의미 있는 성과를 냈다. 도시 미화에 기울어 있던 조경이 설계를 통해 도시 공간을 개선하고 도시 생태계를 회복하는 역할을 했다는 측면에서 조경의 입지는 한층 진일보했다.

한편 공원과 녹지, 더 나아가 환경이 정치적 도구가 되어 노골적으로 이용되기 시작한 것도 이때부터다. 녹지와 환경을 전면에 내세운 또 다른 개발주의가 작동한 것이라는 비판이 많았고, 개발주의 이권에 희생되는 녹지 정책으로 전락할 것이라는 우려도 적지 않았다. 비판과 우려는 결코 과장이 아니었다. 이후 민선 서울시장들은 저마다 대규모 조경 프로젝트를 추진했다. 고건 시장의 선유도공원과 하늘공원, 이명박 시장의 청계천 복원과 서울숲, 오세훈 시장의 광화문광장과 동대문역사공원, 박원순 시장의 문화비축기지와 경의선숲길이 대표적이다. 민선 시장들의 이러한 행보는 비단 서울에 그치지 않고 전국의 각 도시에서 지금도 진행 중이다. 서울시 공원녹지 확충 5개년 계획은 도시 공간에서 조경의 역할과 가능성을 보여줬다는 성과와 졸속적 추진으로 인해 장기적 안목의 공원녹지 구상과 진정성 있는 실천이 부재했다는 한계가 공존하는 정책이었다고 볼 수 있다.

근린공원에서 공공정원으로: 신도시 건설과 미래의 정원도시

신도시 건설은 한국 조경 50년의 역사에서 빼놓을 수 없는 대목이다. 신도시는 공원녹지가 도시의 목적과 기능에 따라 체계적으로 계획된다는 점에서 근대적 양상이 단적으로 전개되는 현장이다. 조경의 본질과 탄생 배경을 상기해볼 때 신도시 건설은 확실히 조경의 발전과 긴밀하게 연동하는 부분이 있다.

한강의 공유수면을 매립하고 대규모 토지를 확보한 것으로 잘 알려진 서울 잠실지구는 국내에 '도시설계수법'을 도입한 대표 사례다. 잠실 개발의 근간이 된 '잠실지구 종합개발기본계획'(1974년)은 단지를 20개의 근린주구와 중심업무지구·호수공원, 운동장지구로 구분했는데, 무엇보다 보행 가로에 녹지를 결합하는 방법이 획기적이었다. 보행자의 발이 닿는 곳마다 녹색의 자연을 접할 수 있도록 녹도를 설정하고 학교, 시장, 어린이놀이터, 근린공원 등과 연결해 이웃 간의 소통과 커뮤니티를 형성한다는 페리의 근린주구 이론을 참고해, 폭이 2m에서 최대 30m에 이르는 녹지를 보행 경로에 두는 녹지 시스템을 계획했다.[16]

이후 부동산 투기 억제를 위해 시행된 1980년대 목동 신시가지 개발은 건축가 김수근이 기획 전반을 주도하고 기본계획 현상공모를 따낸

중심지구기능배분도

목동신시가지 중심지구 기능 배분도, 목동지구 도시설계(안) 보고, 1984년 11월

서울건축컨설턴트와 삼우기술단이 설계를 맡았다.[18] 목동 신시가지는 안양천을 따라 S자로 만든 중심축 양쪽에 대규모 아파트 단지를 배치한 구성을 취한다. 중심축에는 상가와 공원을 두고 양변에 4차선 도로를 두었다. 보차 동선은 분리되어 있으며 보행자 동선이 시가지 중심축과

상가, 학교, 단지 내부를 자연스럽게 연결한다. 무엇보다 주목할 부분은 공원 계획이다. 공원은 많은 택지개발사업에서 홀대를 받아 치우친 위치에 있었으나 목동 신시가지의 근린공원 네 곳은 모두 시가지 중심축에 있어 사람들이 자연스럽게 모이는 핵심 공간이 되었다.

파리공원은 목동 신시가지의 제2근린공원인 동시에 한불수교 100주년을 기념하는 기념공원이어서 조성 단계부터 설계 개념이 일관되게 반영되는 행운을 얻었다. 기념공원으로서의 상징성과 근린공원으로서의 편의성을 추구한 파리공원 설계는 한국과 프랑스 양국을 대변하는 조형을 따로 또 같이 구성해냈다. 2022년 4월에 재개장한 공원은 시민 의견을 반영해 프로그램을 보강하여 편의성을 개선했고, 원 설계의 특성을 존중하면서도 현대적으로 재해석함으로써 공원 재조성의 선례를

목동신시가지에 계획된 파리공원, 2020년 2월 사진

남겼다는 의미를 지닌다.

1980년대 잠실과 과천, 목동, 상계동 지역에 대규모 택지개발을 추진했음에도 불구하고 주택 부족 문제를 해소하지 못하자 정부는 경기도로 눈을 돌려 신도시 개발을 결정했다. 이런 배경에서 탄생한 곳이 분당과 일산 신도시다. 분당은 탄천을 따라 개발됐다. 천변은 자연스레 도시민이 이용하는 공간으로 설정됐으며, 수질을 정화하고 산책길과 자전거길, 운동시설 등이 조성됐다. 탄천의 사례는 이후 서울의 양재천, 홍제천, 중랑천 등을 조성할 때 크게 참고가 되었다. 도시 하천의 수변 공간이 생태 복원의 대상이자 주요한 경관 자원으로 거듭나게 된 것이다.

도시 중앙부의 거대한 녹지 공간인 중앙공원도 분당 신도시 개발이 낳은 의미 있는 사례다. 지역 주민이 공원으로 쉽게 접근할 수 있도록 주변 아파트 단지와 동선을 연결하고 기존 녹지를 최대한 활용해 녹지축을 조성했다. 공원을 가로지르는 분당천의 물을 활용해 인공 호수를 만들고 경주의 동궁 월지(안압지)를 재현한 것은 공원 조성 사업에서 나타나는 흔한 패턴의 하나다. 현대적이면서 한국적이어야 한다는 강박적 사고는 일산 신도시의 호수공원에서도 그대로 나타난다. 일산호수공원은 마치 하나의 세트장과 같은 전통 정원을 한 구역으로 두고 있다.

거대한 호수가 공원의 주인공인 점은 일산호수공원의 중요한 특징이다. 공원 면적의 절반 정도를 인공 호수에 과감히 할애하면서도 주변 녹지인 마두공원, 주엽공원, 정발산과 이어지는 일산문화공원을 수직으로 이음으로써 도시의 산, 공원, 호수를 엮어 쾌적하고 풍부한 녹지 환경을 제공했다. 일산호수공원은 이후 동탄호수공원, 운정호수공원, 광교호수공원, 청라호수공원 등 신도시의 대형 공원 조성에 참고된다.

정부의 신도시 건설은 조경계에 다수의 설계공모 기회를 제공했으며 신도시가 근린공원의 다양한 형식과 그린 인프라 구축을 실험할 수 있는 훌륭한 장이었음은 분명하다. 대규모 개발이 진행된 지 어느 정도 시간이 흐른 지금, 이제는 기존 신도시의 재건축이 점차 논의되는 상황이 되었다. 최근 서울의 둔촌주공아파트가 철거되었고, 잠실 5단지 아파트와 1기 신도시 아파트까지 머지않은 시점에 재건축이 본격적으로 논의될 것이다. 문제는 공간을 재편할 때 가장 위협받기 쉬운 것 중 하나가 공원녹지라는 점이다. 40년의 연한을 넘긴 건축물은 기록이라도 남기려는 노력을 하고 있지만, 조경수와 녹지 공간은 수십 년을 굳건하게 버텨온들 개발 앞에서 눈길을 끌지 못하고 속절없이 스러지는 경우가 대부분이다. 경제 논리를 이겨내지 못하고 시민의 휴식 공간이 하루아침에 없어지는 일이 부지기수다.

한편, 최근에 감지되는 또 하나의 중요한 조짐은 정원 열풍이다. 2013년 순천만국제정원박람회가 열릴 때만 해도 이곳이 훗날 제1호 국가정원으로 지정되고 전국 도시에 정원 바람을 불러일으키는 진원지가 되리라 아무도 예상하지 못했다. 순천시는 박람회 행사 이후 정원을 도시 브랜드에 접목해 지역 활성화와 꾸준히 연계했다. 그러던 와중 코로나19의 장기화, 기후변화의 위기, 원예치료에 대한 관심, 정원 가꾸기의 수요 증가 등 시의성이 뒷받침되고 산림청이 '수목원·정원의 조성 및 진흥에 관한 법률'을 개정하고 정원 등록 제도를 마련하면서 정원이 지역 사업의 아이콘으로 급부상했다.

전국의 주요 도시는 이제 정원 사업을 추진하느라 여념이 없다. 산림청 외에 농촌진흥청, 해양수산부, 환경부 등 여러 정부 부처가 너 나 할 것 없이 정원 조성 사업과 정원 산업 육성에 경쟁적으로 뛰어들고 있고, 각 도시는 저마다 제3의 순천만국가정원, 제4의 태화강국가정원을 꿈꾸고 있다.[18] 개인의 차원에서 섬세하게 작동하는 문화인 정원 가꾸기가 이처럼 대대적으로 관 주도 아래 공공 공간에 침투하는 일은 다른 나라에서는 찾아보기 어려운 특이한 현상이다. 정원에서 공공정원으로, 정원에서 공원으로 나아가는 통상적 과정을 역행하는 지금의 현상이 어떠한 결과로 이어질지 예측하기 어려운 상황이다.

　중앙부처는 관련 법제를 개정하고 예산과 인력을 확보해 일련의 사업이 단발로 끝날 것을 예방하고 산업 육성의 체계를 마련하는 등, 정원 문화의 기반 정착에 필요한 연구를 하고 있다. 그러나 충분한 시간을 두지 않고 진행되며 정부 방침에 따라 방향이 급변하는 점은 우려스럽다.

순천만국가정원에 조성된 찰스 젱스의 물의 정원

한편 조경계의 시점에서 보면 과열된 분위기가 부정적이지만은 않다. 지금의 상황은 사회가 조경의 전문성을 요청하는 기회이기도 하다.

정원 사업이 활성화된다면 조경은 보다 미시적인 측면에서 발전할 여지가 있다. 그간 다소 부족했던 유지·관리 분야에 대한 제도적 보완책이 마련될 가능성이 있으며, 식물 소재와 식재 설계의 다변화도 기대할 수 있다. 정원 문화의 확대와 정원 산업의 성장 역시 조경의 발전을 이끌 것으로 예측되는 부분이다. 또한 정원 가꾸기는 자연과의 친밀감을 높이는 동시에 만들고 돌보는 주체적 행위를 동반하므로 수동적 방식을 주로 택했던 시민 참여에도 분명 변화가 있을 것이다. 전문가 배출은 물론이고 원예와 산림 분야로의 외연 확장도 가능할 것이다. 산림청이 야심 차게 추진하고 있는 정원도시 프로젝트가 성공적으로 운영된다면, 앞으로는 조경이 주도하는 도시 경관을 만나기가 더 쉬워질 것이다.

돌이켜보면, 한국 조경은 지난 50년간 정원과 공원은 물론 경관부터 생태에 이르기까지 여러 이슈를 선도함으로써 조경 공간으로 경험할 수 있는 다양한 감동을 제공했다. 덕분에 조경의 사회적 인지도는 훨씬 높아졌고 최근에는 건강과 기후 문제에 대응할 수 있는 해결사로서 기대치를 높이고 있다. 우리는 앞으로도 조경의 정체성을 고민하고 시시때때로 제도와 행정 시스템의 한계에 부딪히겠지만, 한국 조경은 본래 이러한 고군분투 속에서 발전해왔다. 지난 50년의 역사를 바탕으로 한국 조경은 한층 더 건강하고 아름다운 삶의 환경을 직조하며 성장해갈 것이다.

1 1960년대 한국은 아시안게임 유치에 성공하고도 국내 여건이 여의치 않아 대회를 자진 철회한 적이 있다. 개최지 공백이 생긴 1970년 제6차 아시안게임은 제5차 대회를 치른 태국 방콕에서 한 번 더 개최하는 것으로 문제가 정리됐다.

2 양병이, "전국토공원화운동의 추진방향", 『지방행정』 378, 1985, pp.85~91.

3 내무부, 『전국토의 공원화운동 기술교본』, 1985, p.3.

4 위의 자료, p.5.

5 이 표현은 배정한의 다음 논문에서 빌려 왔다. 배정한, "박정희의 조경관", 『한국조경학회지』 31(4), 2003, pp.18~19.

6 정부는 전국토공원화사업을 추진하기 위해 각 시·도·군청의 새마을과에 국토미화계를 신설했다.

7 1983년의 현상설계 공모에는 총 13점의 작품이 응모했고, 당선작 없이 6점의 입선과 가작을 선정했다. 1984년에 진행된 국립경기장 단지 기본계획 및 설계는 서울대학교 환경계획연구소가 담당했다.

8 손정목, 『서울 도시계획 이야기 5』, 한울, 2003, p.50.

9 서울특별시, 『국립경기장 기본계획 및 설계 보고서』, 1984. p.180.

10 고진하, "서울시 내년예산 어떻게 쓰이나(상): 공원녹지확충 4,820억 투자", 「동아일보」, 1996년 11월 8일.

11 조용석, "서울시 공원녹지확충 5개년 계획안에 대한 평가와 건의", 『도시와 빈곤』 24, 1996, p.107.

12 위의 글, p.105.

13 서울특별시, "공원녹지확충 5개년계획 추진", 1996년 9월 19일 공문서, 서울기록원.

14 안영춘, "공원녹지 확충 5개년 계획을 보면: 21세기 '푸른서울' 탈바꿈 기대", 「한겨레」, 1996년 8월 30일.

15 서울시 공원녹지 확충 5개년 계획 중 '시민녹화운동 전개' 부문에는 옥상정원 활성화, 건물 실내 조경 촉진, 한 가정 한 그루 나무 심기 전략이 있다. 2000년까지 4백 40만 주의 나무를 심기 위해 단독주택 1주, 아파트단지 10주, 연립주택 4주, 다세대주택 3주, 다가구주택 2주의 나무 심기를 목표로 했다.

16 손정목, 『서울 도시계획 이야기 3』, 2003, 한울, pp.206~207.

17 손정목, 『서울 도시계획 이야기 4』, 2003, 한울, pp.305~312.

18 산림청의 '수목원·정원의 조성 및 진흥에 관한 법률'에 근거한 지방정원의 등록 현황만 보더라도 열띤 분위기를 쉽게 알 수 있다. 2022년 8월 기준으로 등록된 지방정원은 4개소(세미원, 죽녹원, 거창창포원, 영월동·서강정원)이며, 설계 또는 조성 중인 정원은 41개소다. 등록 시기로 보면 2016년 2개소, 2017년 1개소, 2018년 6개소, 2019년 3개소가 등록되던 것이 2020년에 들어서며 12개소로 급증했다. 2021년에는 6개소, 2022년에는 8월까지 9개소가 등록됐다(산림청 홈페이지, 2022년 7월 31일 접속). 이들 대부분은 향후 국가정원 등록을 목표로 하고 있다.

2부

도시의 자연,
생태공원

김아연

인류 최초의 신화이자 서사시로 알려진 길가메시 이야기는 메소포타미아 길가메시 왕과 엔키두의 활약과 우정, 삶과 죽음을 다룬다. 두 영웅은 악의 상징인 훔바바를 물리치기 위해 향나무 숲[1]으로 가는데, 아이러니하게도 숲은 '생명의 나라'로 불린다. 인류가 기후 재난의 시대에 처한 지금, 인류의 첫 서사시를 다시 읽으니 과연 숲의 수호신 훔바바가 악한 존재일까라는 의문이 든다. 길가메시는 우르크라는 도시국가를 확장하기 위해 향나무를 베고, 훔바바는 숲을 지키기 위해 저항하다 도끼에 맞아 죽는다. 분노한 신들은 반신반인半神半人인 길가메시 대신 엔키두를 처벌한다. 길가메시는 죽어가는 친구를 보며 오열하고, 이후 영생을 찾아 대홍수에서 살아남은 우트나피시팀을 찾아가지만 영생을 얻는데 실패하며 결국 인간으로서 존엄을 지키며 죽어간다.

우리는 길가메시 서사시를 다시 읽어야 할지도 모르겠다. 도시를 건설하기 위해 생태계를 훼손한 두 영웅과 이를 지키려는 자들이 목숨을

건 투쟁 이야기로. 길가메시 이야기처럼 인류가 태초부터 도시로 대표되는 문명을 건설하기 위해 도시 밖의 자연을 파괴해왔다면, 도시 속에 자연과 문명을 공존시키는 일은 무척이나 근대적인 발상일지 모른다. 생태라는 문제는 조경 작업의 본질인 것 같지만, 자연과 생태 혹은 공원과 생태의 관계는 적어도 근대적 의미의 조경에 있어 필연적인 문제가 아니었다. 픽처레스크 조경이 근대적 현상이라고 한다면 생태 조경은 현대적 현상이라 할 수 있다. 대한민국은 압축적 근대화를 겪었고 조경 역시 도입과 함께 3배속으로 빠르게 변화해왔다. 그 50년의 과성에서 자연의 본질을 다루는 생태의 문제가 얼마나 제대로 탐구되었는지 의문이다.

　건설업 중 유일하게 생명을 다루는 조경은 궁극적으로 인류와 자연, 도시와 생태계의 관계에 주목하는 전문 분야다. 생태학이 많은 학술 성과를 쌓고 깊어진 것과 별개로, 도시 속 생태계를 보존하고 재건하는 공

생태성과 상관없는 볼거리 만들기의 강박이 나타난 소래습지생태공원

간으로서 생태공원은 다른 차원의 쟁점을 만든다. 공원이라는 인위적 공간 장치를 통해 도시의 대척점에 위치한 원시 자연을 도시로 포섭하는 일, 인간이 아닌 생명체에게 도시 공간의 일부를 내어주는 일. 이 글은 그러한 작업에 붙여진 이름인 '생태공원'을 필터 삼아 한국 조경 50년을 바라보고자 한다.

왜 우리에게는 위대한 생태공원이 없을까

이 질문은 상당한 반격을 초래할 것이다. 누군가는 길동생태공원, 여의도샛강생태공원, 을숙도생태공원 등 동식물이 평화롭게 공존하는 원시적 풍경을 열거하며 우리 곁 생태공원의 우수성을 찬양할 것이다. 우리나라에는 생태공원이란 이름을 가진 수많은 공원이 존재한다. 그러나 생태공원은 「도시공원 및 녹지에 관한 법률」이 정한 공원 분류 체계에 들어있지 않다. 해당 법률에서 상급 지자체가 조례를 통해 주제공원의 항목을 보완할 수 있게 열어둔 것에 대응하여 서울특별시는 '생태공원'을, 부산광역시와 인천광역시의 경우 '도시생태공원'을 조례에 명시했으나,[2] 실제로 지정된 곳은 2022년 현재 서울창포원 한 곳뿐이다. 우리가 잘 알고 있는 서울의 길동생태공원과 우면산생태공원, 난지도생태공원, 인천의 소래습지생태공원은 모두 법적으로는 근린공원이다. 화성 매향리 평화생태공원처럼 문화공원인 경우도 있다. 여의도샛강생태공원이나 강서습지생태공원, 을숙도생태공원, 남양주 다산생태공원은 하천부지다. 하천과 공원의 중복 결정에 따르는 복잡한 행정 처리를 피해 생태공원이라는 이름만 빌려온 현명한 작명법이다. 옛 농촌지도소가 있던 공공청사 용지를 생태공원으로 재생한 부천자연생태공원 역시 공원으로 지정되지 않았다. 생태공원이라는 이름은 많지만 법적인 생태공원은 없는 셈이다. 유명무실함은 이름의 문제에 그치지 않는다. 도시 기능의 합리적 배분이라는 인간 중심적 도시계획 논리를 따라 비인간적 가치인 생태계의 온전성과 상호연결성은 무시되기 일쑤다. 지형 정보와 토지의 생명력이 소거된 토지이용계획도 상의 공원은 초록 색종이를 덧붙이듯 고립된 섬으로 존재하는 경우가 대부분이다.

1967년 「공원법」이 처음 제정되었을 당시 공원은 국립공원, 도립공원 등의 자연공원과 도시공원을 모두 포괄했다. 1980년 「도시공원법」이 제정되며 도시공원은 자연공원으로부터 분리됐다. 1993년 지방자치제가 실시된 뒤 도시공원 업무가 점차 지방자치단체로 이관됐다. 환경부가 관리하는 자연공원과 국토교통부 관할 「도시공원 및 녹지에 관한 법률」에 기반해 지자체가 직접 조성·관리하는 도시공원 행정 체계가 갖추어진 것이다. 2016년 국가가 조성·관리하는 국가도시공원 조항이 신설됐지만 아직 지정된 곳은 없다. 2005년 「도시공원법」이 폐지되면서 도시자연공원은 도시자연공원구역으로 변경되어 공원일몰제의 대안으로 주목받았다.

자연은 기후 위기와 팬데믹이라는 지구적 재난 상황에서 그 중요성과 총체성이 강조되고 각종 전시회와 대중 문화의 주제로 인기를 끌고 있지만, 자연의 문제가 그러한 수준으로 국토 행정의 틀 속에 깊숙이 들어올지는 회의적이다. 타 부서의 일에 관여하지 않는 것을 불문율로 여기는 공공 업무 체계에서 연결, 소통, 변화를 전제로 하는 생태계 이슈를 얼마나 진정성 있게 다룰 수 있을지도 의문이다. 서식처를 조성하는 일이 결국 토목 공사의 틀 속에서 이루어지고 마는 현실에서 생물종다양성과 자연 형성 과정의 가치를 추구하는 일은 소수의 환경주의자들에게 맡겨진 뒷수습 작업일지도 모른다. 국토와 도시를 다루는 정책적 틀 안에서 생태공원의 지정은 도시의 다른 구성 요소에 버금가는 법적 지위를 생태계에 부여하는 첫발이다. 나아가 생태공원의 비평은 특정 작품을 뛰어넘어 도시 속 생태계를 둘러싼 제도적 문제를 분석하고, 생태공원 디자인을 둘러싼 미학적 문제를 규명하며, 변화 과정을 추적해 문명과 자연의 관계를 바로 세우는 성찰의 과정이 된다.

생태공원이라는 이데올로기

생태공원에 해당하는 영어 표현인 '이콜로지컬 파크ecological park'[3]를 구글에서 검색하면 한국의 생태공원이 제일 먼저 뜬다. 검색 건수로 볼 때도 으뜸이다. 검색자의 IP 주소가 국내임을 감안하더라도, 해외 학술 논문과 단행본에서도 이상하리만큼 서구권 자료가 많이 나오지 않는다. 이 단어는 위키피디아에서도 검색되지 않는다. 미국에서 활동 중인 조경가에게 물으니 '이콜로지컬 파크'라는 말은 잘 쓰지 않는다는 답변과 함께, 파크라는 단어에 이미 이콜로지가 포함된 것이니 동어반복 아니냐는 반문이 이어졌다. 그럴듯한 의견이지만 우리의 현실에 비추어 보면 설명력이 떨어진다. 생태공원으로 지정된 곳은 드물지만 전국에 생태공원이라는 이름을 달고 있는 곳은 무척이나 많다. 그렇다면 유독 우리나라에서 생태공원이라는 용어가 각광받는 이유는 무엇일까. 생태공원은 사전에서는 "자연생태계를 보호·유지하면서 자연학습 및 관찰, 생태연구, 여가 등을 즐길 수 있도록 하여 도시 인근에서도 자연을 쉽게 접할 수 있도록 조성한 공원"[4]으로, 지방자치단체 도시공원 조례에 따르면 "자연생태계의 질서가 유지되도록 생태적으로 복원 및 보존하여 자연학습 및 여가활용을 목적으로 설치하는 공원"[5] 또는 "생물서식공간 조성으로 생물다양성의 증진과 더불어 시민의 휴식, 생태학습을 목적으로 설치하는 공원"[6]으로 정의된다. 정의는 다양해도 도시 안의 생태계 보호와 더불어 시민이 자연을 접촉하고 학습하는 접점을 만드는 공원이라는 공통점을 갖는다. 해외에서는 1976년 런던 템스 강변에 윌리엄 커티스 생태공원William Curtis Ecology Park[7]이 처음 만들어진 이래 1980년대 이후 생태공원 개념이 영국과 독일, 캐나다 등으로 확산되었고, 일본에서도 1980년대부터 본격화되었다.[8] 20세기 후반에 이르러서야 도시공원의 틀 속에 목가적 자연이 아닌 생태적 자연을 구현하려는 시도가 결실을 맺은 것이다.

한국 조경 50년을 맞는 2022년, 대통령 집무실 이전과 더불어 새로운 용산 시대가 열리고 있다. 용산 미군기지의 반환으로 촉발된 용산공원의 지정학적, 역사적 상징성에 강력한 이념적 의미가 더해졌다. 용산공원의 지난한 계획 과정에서 공원의 정체성은 변화하는 정치적 상황을 반영하는 거울이었다. 2005년 노무현 대통령은 국회 시정 연설에서 용산 미군 반환 부지를 "국가 주도의 민족·역사공원"으로 조성하겠다고 발표했다. 2007년 「용산공원 조성 특별법」이 제정된 이후, 그간의 사회적 논의와 연구 성과를 바탕으로 한 첫 계획안인 '용산공원 종합기본계획'이 2011년 고시됐다. 기본계획안은 6개의 단위 공원이 연합하는 다원적 성격의 공원을 제시했다. 이는 대형 공원이 갖는 규모의 특수성을 고려하고, 도시 속 도시와 다름없던 군사 기지의 다양한 기능과 건축물을 활용하며, 단계별 반환에 따른 조성 시기의 차이와 오염 정화에 필요한 절대 시간과 부지별 여건 차이를 반영한 결과물이었다.

그러나 얼마 뒤 '연합 공원'은 '단일한 생태공원'으로 변경되었는데, 이 과정을 다시 한번 눈여겨 볼 필요가 있다. "문재인 정부의 용산공원 조성 철학은 생태공원화다. 문 대통령은 대선후보 시절 용산 미군기지가 반환되면 미국 뉴욕의 센트럴파크 같은 생태자연공원이 조성될 것"이라고 공약했다."[9] 그는 2018년 광복절 73주년 축사에서도 용산에 센트럴파크와 같은 생태자연공원을 만들겠다고 선언했다. 이러한 일련의 발언은 우리가 생태공원을 바라보는 시각이 얼마나 정치적인지 잘 보여준다. 센트럴파크는 늪을 메우고 암반을 폭파하는 대규모 토목 공사를 통해 픽처레스크 자연을 구현한 결과물이다. 지역의 토착 생태계를 보존하고 목표 종을 설정해 보존과 교육 용도로 활용하는 생태공원과는 거리가 멀다. 센트럴파크 조성은 디즈니랜드를 만드는 천지개벽의 과정에 비유되기도 한다. 자연 존중이 아니라 자연을 공학과 과학적 기술로 통제하고 변형시키는 "공학적 위업engineering feat"에 가깝다.[10] 센트럴파크가 현대적 의미의 생태공원으로 조성되었다면 아마도 맨해튼 중앙에 100만 평의 습지 공원이 생겼을 것이다.

'용산공원 설계 국제공모'(2012년) 당선작을 바탕으로 한 기본설계안을 보면 용산공원은 남북 생태축을 갖춘 다채로운 도시 프로그램의 집합체다. 이러한 큰 틀은 6개 단위 공원의 연합이라는 다양성과 단계별 계획을 전제한 1차 기본계획의 지침에 기반한다. '단일한 생태공원'으로 개념을 변경한 2차 기본계획안 역시 설계공모 당선작의 골격을 유지한다. 용산공원은 서식처 복원을 통해 목표 종을 설정하고 생태계 보전과 환경 교육을 목적으로 조성되는 생태공원과 성격 차이가 크다. 적어도 그러한 생태공원의 성격으로 용산공원 전체를 설명할 수 없다는 표현이 맞겠다. 용산공원은 단일하게 표현할 수 없는 복합적인 자연-문화 생태계이며, 생태계의 핵심은 단일성이 아니라 다양성이다. 단일 종의 생태계는 작은 교란에도 붕괴된다. 그러나 단일성과 통일성의 신화가 차이와 다양성을 압도한다. 국가는 용산공원을 단일한 생태공원으로 선언했다. 생태공원은 구체적인 서식처가 아닌 추상적 이데올로기가 되었다.

생태공원이 법적으로 테마 파크(주제 공원)로 분류되는 한국의 도시공원 체계에서 아이러니하게 생태공원은 모든 가치를 빨아드리는 블랙홀이자 정치 구호인 것처럼 보인다. 생태공원을 가진 도시는 착해 보이고 현실 세계의 갈등을 해소하는 환상을 주기 때문이다. 아름다운 자연은 탈정치적 풍경을 통해 가장 근본적인 정치적 메시지를 전달하고 있는지도 모르겠다. 그런데 생태계야말로 다양한 개체가 생존을 위해 끊임없이 경쟁하고 협력하는 곳이다. 한정된 자원을 두고 벌이는 투쟁과 타협으로 가득한 생태의 본질을 사람들이 생태공원의 본질로 인정할 수 있을까. 생물학의 한 갈래로 시작한 생태학이 상품 시장에서 급부상하는 현상도 생태성이 주는 도덕적 보상 심리와 지구적 대의에 동참한다는 소극적 참여 의식 때문일지도 모르겠다. 생태가 상징 자본이자 소비재가 된 지 오래다.

2022년 지방선거 이후 서울은 생태 도심을 만들기 위해 용적률을 올리고 건폐율을 축소해 도심의 그라운드 레벨을 생태적 환경의 녹지로 만들겠다고 선언한다. '서울 녹지생태도심 재창조 전략'이 그것이다. 대규모 인공지반 위의 초고층 복합건물군 속에 펼쳐질 생태계에 대한 상

여의도샛강생태공원

상 속에서 자본과 생태 윤리가 공존할 수 있을까. 도시 전문가들은 조
경하는 사람들이 도시를 너무 모른다고 불평한다. 약자는 강자의 언어
와 논리를 배워 소통한다. 우리가 도시를 배워야 하는 이유일 것이다. 그
러나 약자는 자신의 고유한 언어와 목소리를 잃지 않고 강자와 소통하
는 방법을 익혀야 한다. 조경가가 개발 중심의 도시 패러다임에서 약자
인 자연을 대변하는 전문가라면, 생태적 언어의 고유성을 잃지 않고 도
시적 언어의 대화에 동참해 우리의 도시를 보정하고 중간 지대를 만드
는 채무를 수행해야 할 것이다. 그리고 그들의 언어로 이렇게 물어보자.
그렇다면 그대들은 조경을 아는가.

우리 곁의 생태

생태공원의 제도와 이념적 쟁점은 잠시 뒤로 하고 우리 곁의 생태공원
을 돌아보자. 우리나라 최초의 생태공원은 개장 시점으로 볼 때 여의도
샛강생태공원(1997년)으로 알려져 있고 길동생태공원(1999년)이 그 뒤를
잇는다. 여의도샛강생태공원은 한강종합개발과 함께 여의도가 개발되
면서 하천의 기능을 상실하고 오염된 샛강을 살리자는 시민적 공감대에
힘입어 조성되었다. 생태공원의 일반적인 조성 논리는 우수한 생태계를
보존하는 것이다. 이와 달리 여의도샛강생태공원은 개발로 훼손된 생태
계를 복원한다는 비판적 성격을 갖는다는 점에서 의미가 더욱 크다. 한
강사업본부가 관리하는 하천변 저습지인 여의도샛강생태공원은 1990
년대 초부터 약 7년에 걸친 준비 과정을 거치며 식물상과 식생, 양서파
충류, 곤충류, 조류의 조사가 포함된 기본계획을 수립하고 1997년 기본
및 실시설계를 통해 그 모습을 드러냈다. 이후 2단계 사업에 대한 현상

설계를 통해 오늘의 모습을 이루었다.[11] 초기 단계에 수변공원으로 추진되었던 샛강 정비사업은 생태공원으로 그 성격이 바뀌었는데, 이는 현장 답사를 통해 샛강의 자원 가치와 생태계의 재생 가능성이 높게 평가된 결과다.[12]

　여의도샛강생태공원은 생태공원의 조성 과정과 관련해 상당히 의미 있는 사례다. 생태공원의 핵심은 자원과 서식처 조건의 체계적 조사다. 학술 용역으로 시작한 복원 프로젝트는 전문가로 구성된 자문위원회의 열성적 협의와 함께 진행됐다. 여의도샛강생태공원의 성공은 다양한 생태 전문가의 사전 연구 조사와 협업, 작동하는 서식처를 구현하고 생태적 가치와 시민 이용 사이의 균형을 적절히 이루어낸 설계, 그리고 서울시 한강사업본부, 시민단체, 전문가의 지속적 모니터링과 체계적 운영이라는 집합적 노력의 성과다. 멸종위기종인 수리부엉이와 흰베매가 발견되었고 천연기념물인 황조롱이와 수달이 돌아왔다. 이처럼 생태공원은 설계 내역으로 설정할 수 없는 종 다양성을 만들어내는 자연 형성 과정을 핵심에 두고 있으며, 시설물 유지 관리와 잡초 제거를 넘어 생태적 천이와 종의 변화 등을 유도·관리하기 위해 전략적 개입과 과학적 방법을 동원해야 한다. 체계적인 생태계 자원 조사가 생략된 기본계획, 입찰 방식의 설계사 선정과 공사 발주, 땅의 생명력을 저하시키는 토목 공사, 내역을 위해 물가 정보지에 의존하는 식재 설계 등에 대한 근본적인 변화가 필요하다. 그렇지 않으면 생태공원이라는 이름을 내건 수많은 유사 생태공원이 계속 지어지더라도 그 속에 구현된 자연은 결국 불편하지 않을 만큼 정돈되고 방치된 식재 경관과 포토스팟 구조물, 다목적 광장의 어정쩡한 몽타주에 그칠지 모른다.

신도시에 가보자. 시흥에 가면 생태공원에서 한 걸음 더 나아가 생명공원이라는 이름을 내건 곳이 있다. 배곧신도시의 배곧생명공원이다. 신선하면서도 의미 있는 작명이다. 이 지역은 대규모 염전과 갯벌이 펼쳐져 있던 곳으로 시흥 군자지구, 즉 지금의 배곧신도시를 건설하기 위해 매립한 땅에 조성한 근린공원이다. 공원이 조성되기 전의 풍경은 청라지구가 만들어내는 마천루 도시풍경을 배경으로 하고 있어 SF 영화 같은 생경함을 주기도 했다. 경비 초소와 갯벌, 신도시를 배경으로 한 노을 풍경 덕에 출사지로 유명했다.

배곧생명공원은 밤이 아름답다. 서해안의 낙조와 청라의 스카이라인이 만드는 도시와 바다의 초현실적 접경 풍경이 주 요인이겠지만, 설계 이후에 불필요하게 덧대진 조형물과 난해한 인공 경관을 어둠이 삼켜버리기 때문이다. 땅에 스민 염분 탓에 버드나무와 메타세쿼이아, 그리고 땅을 북돋아 심은 몇몇 나무를 제외하면 수목의 상태는 좋지 않은 편이다. 2022년 5월에 방문했을 때 '사계절 테마 공간 조성'이라는 이름의 공사가 진행 중이었다. 생태를 뛰어넘어 생명을 추구하는 공원에 사계절 테마 공간은 무엇을 의미하는가. 생태공원이 테마파크로 분류되는 우리나라 공원 체계에서 테마와 포토스팟을 도입하는 것은 공원 체험의 중심을 생명에 두기보다 인공적, 시각적, 활동적 구심점을 만들고자 하는 강박 때문으로 보인다. 배곧생명공원의 가장 감동적인 생태 메커니즘은 바닷물이 공원 안으로 들어오며 바닷물과 민물이 교차하는 기수 습지를 만들고, 수위가 변하면서 뻘과 갯골이 나타났다 사라지며, 갈대 습지가 철새와 다양한 생명체들에게 안전한 서식 공간을 제공한다는 점이다. 그러나 공원이 만들어진 지 7년이 흐른 지금, 도시 속 기수

해질녘의 배곧생명공원

생태계를 둘러싼 생태계 변화를 기록하는 모니터링과 연구는 찾아보기 어렵다. 도시공원은 시민을 위한 장소이기도 하니 활동 공간과 편의시설 자체는 문제가 아니다. 볼거리와 할거리를 마련하는 일도 도시공원의 생명력에 있어서 중요하기 때문이다. 도시로부터 이어지는 넓은 보행축은 도시의 일상을 바다로 이어주며 새로운 도시성을 만들어낸다. 해질녘에 가족, 친구, 연인과 바다로 향하는 사람들의 실루엣은 그 자체로 아름다운 풍경이다. 그러나 생태계가 아닌 야경이 공원의 정체성이 되어버린 지금, 스스로를 '사연생태공원'으로 규정한 생명공원에 걸맞은 운영 전략을 심도 있게 모색해야 하지 않을까. 왜 우리의 공원은 이름의 무게에 맞는 철학과 진정성을 이리 쉽게 포기해버릴까.

생태공원, 생태학적 상상력의 도시적 실천

2020년 개정된 「자연공원법」은 이전에 없던 기본 원칙을 법으로 명시한다. 이 원칙에 따르면 자연공원은 모든 국민의 자산으로서 현재 세대와 미래 세대를 위해 보전되어야 하며 생태계의 건전성, 생태축의 보전·복원 및 기후변화 대응에 기여하도록 지정·관리되어야 한다. 또한 자연공원은 과학적 지식과 객관적 조사 결과를 기반으로 해당 공원의 특성에 따라 관리되어야 하고, 지역사회와 협력적 관계에서 상호 혜택을 창출할 수 있어야 한다. 마지막으로 자연공원의 보전 및 지속가능한 이용을 위해 국제 협력이 증진되어야 한다.[13] 공원을 다루는 법에서 이러한 가치가 선포된 것은 매우 의미 있는 일이다. 「도시공원 및 녹지에 관한 법률」과 비교하면 감동적이기까지 하다. 도시 속 자연공원이라고 볼 수 있는 생태공원이 제대로 된 법적 지위조차 갖지 못한 것을 보면 우리나라의 국토와 경관을 총체적으로 다루어야 할 국토교통부는 여전히 개발 중심이라는 생각이 든다.

생태공원은 정치 구호나 이데올로기가 아니라, 만지고 느낄 수 있는 구체적 물성과 체계를 가진 생명의 땅이다. 사람이 아닌 생명의 관점으로, 인간을 지구의 구성원으로 낮게 위치시키는 태도의 전환이 없다면 도시 속 생태공원은 도시의 개발 논리를 합리화하기 위한 초록의 홍보물 혹은 생태 상품에 그칠 것이다.

팬데믹과 기후 재난라는 지구적 위기의 시대, 역설적으로 생태공원은 도시 속에 위치하기 때문에 도시를 혁신할 수 있는 가장 전위적인 공공 공간이다. 이를 위해서는 생태공원의 비전과 조건에 대한 성찰과 이를 실행할 구체적인 실천 전략이 필요하다.

첫째, 녹색 자원의 연결성과 생태계의 총체성을 다룰 수 있는 법과 제도가 필요하다. 자연공원법과 도시공원법을 다시 합쳐 공원을 국토의 중요한 근간으로 작동시키는 새로운 접근도 가능할 것이다. 또한 개별 건축물의 필지 안에 갇혀 있는 녹색 공간의 파편을 이어줄 수 있는 제도적, 계획적 장치도 고민되어야 할 것이다. 도시 속에서 물질과 에너지의 흐름, 그리고 생물·문화 다양성에 기반한 공간계획 패러다임을 이루고 이를 구현할 구체적 기법이 필요하다. 이론에 기반해야 하지만 이론만으로는 실제 세계를 변화시키지 못한다. 법제화, 제도화를 통해 실제 세계를 변화시킬 수 있는 수단을 가져야 한다.

둘째, 생태공원을 만들기 위한 체계적인 계획·설계 프로세스와 발주 방식에 대한 고민이 필요하다. 허술한 기본계획과 짧은 실시설계 기간, 가격입찰 공사 발주와 토목 중심의 엔지니어링 사업으로 제대로 된 생태공원이 만들어질 리 만무하다. 또한 생활권 공원과는 다른 규모의 준비 기간과 조성·운영 과정이 필요하다. 여의도샛강생태공원 프로젝트처럼 학자, 설계가, 엔지니어, 행정가, 그리고 시민이 만드는 생태 거버넌스의 모형이 초기 단계부터 도입될 필요가 있다. 나아가 운영의 철학을 정립하고 과학적 방법론에 입각한 체계적 관리가 필요하다. 물론 예산이 필요한 일이다.

셋째, 시민들이 아름답고 건강한 자연을 경험할 수 있는 디자인 실천이 필요하다. 많은 도시 사람들은 여전히 생태공원을 모기가 낳은 물웅덩이 정도로 생각한다. 생태공원은 각종 민원에 시달린다. 사람들의 마음을 움직이는, 시민들에게 감동과 영감을 주고 나아가 내적인 변화를 일으켜줄 아름답고 즐거우며 의미 있는 생태공원이 만들어져야 한다. 여기서 엘리자베스 마이어Elizabeth K. Meyer가 주장한 '지속가능한 아름다움sustainable beauty'에 주목할 필요가 있다. 미적 감동과 생태적 건강성을 연결할 미학적 기반인 '지속가능한 아름다움' 개념은 경관의 구체적 경험을 통해 일어나는 우리의 변화와 생태적, 사회적, 문화적 실천을 담고 있다. 마이어는 이러한 측면을 '외관의 수행성performance of appearance'이라 부른다.[14] 한국 조경 50년의 역사에서 고질적 이분법으로 남아 있는 생태와 디자인, 연구와 설계, 이론과 현장의 괴리는 디자인을 대표하는 '외관'과 생태학을 대변하는 '수행성' 사이의 단절로 나타나기 일쑤다. 이 경계를 허물어야 비로소 위대한 생태공원이 가능하다. 도시공원에 있어 형태 혹은 외관은 설계가의 지난한 분석과 협력을 통한 창작의 결과물이며 설계 도서로 나타나는 2차원과 3차원의 조형이다. 그러나 특수한 도시공원으로서 생태공원의 외관은 초기의 설계 행위를 통해 서식처의 기본 조건을 형성하고 전략적 개입을 통해 유도한 자연 형성 과정의 결과로 만들어지는, 즉 스스로 형태를 생성하는 self-generating 생태적 변화 과정의 결과물이다.

생태공원은 인간 중심의 세계관에서 벗어나 다른 생명체와 공존하는 법을 알아가는 곳이다. 생태공원은 도시 개발에 대한 살아 있는 비평이며 도시가 스스로를 보정하는 혁신의 매체다. 생태공원의 제도적 개혁, 계획·설계와 조성·운영 방법론의 혁신, 생태 미학의 디자인 실천을 통해 바로 여기, 도시 한가운데서 일상과 자연의 관계를 느리게 바꿔 나갈 때, 이 시대의 길가메시와 훔바바가 공존하는 새로운 생태 문명이 도래할 것이다.

1 메소포타미아 문명에서 중요한 나무(Cedrus libani)로, 레바논 국기에 그려져 있다. 우리말로 레바논삼나무, 백향목 혹은 향백목 등으로 알려져 있는데, 옮기는 사람에 따라 향나무 혹은 삼나무로도 번역된다.

2 「서울특별시 도시공원 조례」 제3조(도시공원의 세분)에 따라 조례가 정하는 주제공원은 생태공원, 놀이공원, 가로공원으로 구분된다. 「부산광역시 도시공원 및 녹지 등에 관한 조례」는 제29조에서 가로공원, 도시생태공원, 노인친화공원의 주제공원 구분을 명시하고 있으며, 「인천광역시 도시공원 및 녹지 조례」는 제2조에서 해안공원, 도시생태공원, 반려동물공원, 그리고 산림휴양공원의 세분류를 제시한다.

3 전승훈은 생태계보전지역처럼 생태계 그 자체의 고유성을 관리하는 목표를 지닌 '이콜로지 파크(ecology park)'와 이보다 도시적이며 사람의 요구와 생태적 복원의 균형이 요구되는 '이콜로지컬 파크(ecological park)'를 구분한다. 전승훈, "생태공원의 개념과 의의", 『자연보존』 110, 2000, pp.1~3.

4 pmg 지식엔진연구소, 「생태공원」, 『시사상식사전』, 박문각, 네이버 지식백과 제공.

5 인천광역시와 부산광역시의 「도시공원 및 녹지에 관한 조례」에 명시된 생태공원의 정의다.

6 서울특별시 「도시공원 조례」, 청주시 「도시공원 및 녹지에 관한 조례」에 명시된 생태공원의 정의다.

7 런던 타워브리지와 인접한 템스강의 제방에 버려진 땅을 개발 이전까지 한시적으로 대여해, 여왕 즉위 25주년 기념 행사에 맞춘 저예산의 경관 개선이라는 구실로 기념위원회(Queen's Silver Jubilee Committee)를 설득해 조성했다. 윌리엄 커티스는 런던의 식물상(Flora Londinensis)을 처음 출판한 식물학자의 이름이다. David Goode, "Celebrating the First Ecology Parks in London", https://www.thenatureofcities.com/2017/01/15/celebrating-first-ecology-parks-london/

8 가메야마 아키라·노보루 쿠라모토, 『생태공원』, 이명균·이동근·최준영 역, 보문당, 2004.

9 김종일·조유빈, "'용산공원 조성 전략회의' 뜬다", 『시사저널』 2018년 6월 11일.

10 다큐멘터리 영화 'We built this city' 뉴욕 편에서 역사학자 엘리자베스 발로우 로저스 Elizabeth Barlow Rogers의 인터뷰에 나오는 표현이다.

11 경원대학교(현 가천대학교) 최정권 교수가 이끈 기본계획에 이어 조경설계 서안이 1차와 2차에 걸쳐 기본 및 실시설계를 진행했다.

12 1990년 2월 여의도샛강 정비계획 방침 결정 이후 일련의 '한강보전자문위원회'의 자문회의 과정에서 샛강의 자원성과 생태계 재생의 가능성을 높게 평가해 계획안의 성격을 수변공원에서 생태공원으로 수정하기로 결정했다. 최정권, "조성배경과 계획과정", 『환경과조경』 123, 1998, pp.88~95.

13 이상의 내용은 「자연공원법」 제1장 총칙, 제2조의2(기본 원칙) 참조.

14 Elizabeth K. Meyer, "Sustaining Beauty: The Performance of Appearance", *Journal of Landscape Architecture* 3(1), 2008, pp.6~23.

회복의 경관,
도시의 선형 공원

이유직

선형 공원의 부상

한국 조경 50년을 대표하는 조경 작품 중에는 규모가 큰 도시공원이 다수 포함되어 있다. 대형 공원은 "도시의 위대한 야외 자연극장으로서 사회적 이용과 사건의 환상곡과 함께 자연적이고 순환적인 시간의 공연이 펼쳐지는 무대"라 할 수 있으며, 아울러 "그 광활한 땅은 우수를 저장하고 처리하는 데, 도심부의 대기 흐름을 원활하게 하고 온도를 낮추는 데, 그리고 식물·동물·새·수생생물·미생물의 풍성한 생태계를 위한 서식처를 제공하는 데 효과적"인 역할을 한다.[1] 이러한 대형 공원 중에는 길이가 긴 선형 공원이 여럿 포함되어 있어 관심을 끈다. 경의선숲길, 청계천, 서울로7017, 경춘선숲길, 양재천, 여의도한강공원, 반포한강공원, 여의도샛강생태공원 등이 여기에 해당한다.

선형 공원의 발생 유형은 크게 두 가지로 나눌 수 있다. 첫 번째는 양재천, 여의도한강공원, 반포한강공원, 여의도샛강생태공원처럼 하천이나 강을 따라 조성된 선형의 녹지다. 개발 시대에 하천 정비 사업으로 덮거나 콘크리트로 둔치를 만들어 도로와 주차장으로 쓰면서 오랜 기간 방치하던 공간을 재정비한 경우다. 하천 본연의 생태적 기능을 강화하고 여가 활동이 보다 용이하도록 재정비한 것이다. 두 번째는 도로나 철도 같은 교통 인프라로 기능하던 공간을 공원으로 탈바꿈시킨 사례다. 자동차와 기차가 점유해 버린 곳, 이로 인해 도시가 단절되고 공동체가 끊겨 버린 장소에서 교통 기능을 별도로 해결하고 공간을 지역 사회로 되돌려준 유형이다. 경의선숲길, 서울로7017, 경춘선숲길, 청계천 등이 여기에 해당한다.

선형 공원은 생태, 문화, 사회·경제적으로 큰 의미를 지닌다. 선형 공원은 도시 생태계의 한 축을 담당하며 중요한 생태 기반이 되고 있다. 뿐만 아니라 여가 활동 등 문화 기능을 품고 나아가 도시재생의 거점으로 작동하기까지 한다. 선형 공원은 태생적으로 기존에 사용하던 공간에 대한 조정을 전제한다. 변화하는 사회 환경과 진화하는 도시가 이들 공간에 변모를 요구하기 때문이다. 그렇기에 한때 이런저런 이유로 뒤틀리고 변형되었던 공간을 원래 모습으로 돌려놓으려는 회복과 복원, 그리고 이에 대한 보상과 연관된다. 나아가 미래에 부응하는 새로운 질서, 지속가능한 대안 확보라는 복합적 지향이 투영되어 있다. 도시 전체로 시각을 확대해 볼 때 회복은 생태적일 뿐만 아니라 사회적으로도 중요하다. 한국 조경을 대표하는 50개 작품에 포함된 선형 공원들 속에는 뒤틀리고 변형된 과거를 딛고 나아가려는 생태, 사회, 문화, 경제적 회복 노력이 담겨 있다.

생태적 회복의 경관

우리나라 도시의 강과 하천은 대체로 낮은 수위로 흐르다가 장마철에 호우가 집중되면 상습적으로 범람하여 도시에 큰 재난을 가져왔다. 초기의 하천 정비는 제방을 쌓아 범람을 막고 직강화하여 토지 이용의 효율을 높이는 데 집중되었다. 1982년 9월부터 시작된 한강종합개발은 한강의 모습을 크게 바꾸어 놓았다. 1986년 완료된 이 사업은 향후 도시 하천 정비에 커다란 영향을 주었는데, 장마철마다 반복되는 홍수의 위험을 줄이고 시민의 접근과 이용은 향상시킬 수 있었으나 과도하게 인공적인 정비는 두고두고 지적되었다.

양재천 정비 사업은 1970년대 토지구획정리사업 등으로 직강화한 하천을 자연에 가깝게 복원한다는 목적으로 1995년 시작되었다. 치수

양재천

중심의 획일적 하천 정비에서 벗어나 훼손된 하천의 자연 생태계를 회복하고 아파트 밀집 지역에 버려져 있는 하천 일대를 정비해 주민에게 휴식 공간을 제공하도록 의도되었다. 여의도샛강생태공원은 여의도의 샛강을 환경친화적으로 바꾸고 자연 학습 장소로 활용하기 위해 조성되어 1997년 9월 완공되었다. 주변 환경이 열악한 상태로 오랫동안 방치된 저습지를 어린이들의 자연 학습과 시민들의 휴식이 가능한 생태공원으로 조성하고, 한강의 생태 거점을 확충해 동서 생태축을 구축한다는 목표로 진행되었다. 여의도한강공원과 반포한강공원은 과도하게 인공적인 방식으로 정비되었던 한강 주변을 한강르네상스사업이라는 이름으로 재정비해 2009년 완공한 수변 공원이다.

한국의 하천은 호우 때를 제외하면 보통 수위가 낮아 수변에 모래가

여의도샛강생태공원

177

쌓이는 부분, 즉 사주가 발생한다. 그런데 호우를 대비해 제방의 위치와 형태를 결정하면 필연적으로 제방 안쪽에 하도 내 범람지인 둔치가 생겨난다. 사주와 둔치는 홍수 시 물 흐름, 제방 침식 보호, 토지 이용, 생태계 보전 등과 관련이 있어 하천 정비와 유지 관리 측면에서 매우 중요한 곳이다. 하천을 따라 길게 조성된 선형 공원은 바로 이곳을 대상으로 한다. 직강화된 하천, 대칭적인 콘크리트 블록 호안, 밋밋한 경사의 하도, 둔치의 잔디밭, 주차장과 운동시설 등은 초기에 시도된 하천 정비의 전형적인 산물이다. 한국 조경을 대표하는 50개 작품에 포함된 하천변 선형 공원들은 획일적 하천 경관을 자연 중심의 장소로 전환하려는 생태적 회복 노력이 구현된 결과물이다.

하천변 선형 공원은 도시와 자연이 만나는 접점에 위치한다. 두 개의 서로 다른 생태계가 만나는 주연부ecotone 공원인 것이다. 두 종류 이상의 서식처가 만나는 선형 이행대에는 다양한 식생 덕분에 풍부한 먹이 자원과 은신처가 존재해 야생동물의 개체 수가 많다. 이러한 공원은 단위 면적당 총연장 길이가 길고 가급적 넓은 면적의 주연부가 조성되도록 계획되었으며 그 형태 또한 비정형적이고 불규칙하게 설계되었다. 이렇게 조성된 선형 공원은 경관생태학자 리처드 포먼Richard T. T. Forman 이 말하는 패치patch의 날개와 같은 역할을 함으로써 강을 따라 생물종의 분배를 용이하게 해준다. 자연형으로 조성된 호안은 친수성이 높아 생태적 기능과 함께 문화적 활력을 수용하는 데도 유리하다. 기존의 자연적 기능을 회복하고 강화하는 데 일차적으로 기여하고 여기에 사람들의 접근과 여가 활동을 유도함으로써 수변의 긴 선형 공원은 하천 생태 보전과 함께 경제적인 하천 관리, 여가 활동 수요에 적절히 대응할 수 있다는 평가를 받는다.

사회적 회복의 경관

광화문 동아일보사 앞부터 성동구 신답 철교에 이르는 5.84km의 청계천 공원은 2003년 7월 1일 청계고가도로의 철거에서 시작되어 2005년 9월 30일 완료되었다. 4개 공구로 나뉘어 진행된 사업을 통해 건설된 지 34년 된 청계고가도로가 철거되고, 복개되었던 지하의 청계천이 44년 만에 복원되었다. 경의선숲길은 경의선 철길 폐선 부지에 조성된 총연장 6.3km의 선형 공원이다. 경의선과 공항철도가 기존 철길의 지하에 건설되면서 공원화 사업이 본격적으로 시작되어 3단계에 걸쳐 조성되었다. 폭 10~60m에 면적은 약 101,700m²다. 2009년부터 공사가 시작되어 2012년 2월 길이 760m의 1단계 대흥동 구간이 준공되었다. 2단계 연남동·염리동·새창고개 2km 구간은 2015년 6월, 나머지 와우교·신수동·원효로 3단계 구간은 2016년 5월 각각 준공되었다.

경춘선숲길은 2010년 12월 폐선된 경춘선 화랑대역에서 담터마을 사이에 조성된 선형 공원이다. 약 6km 길이에 92,000m² 면적으로 각종 공원 시설과 숲길을 조성해 2019년 5월 완공되었다. 서울로7017은 노후한 옛 서울역 고가차도를 개보수해 만들었다. 7017의 70은 서울역 고가를 만든 1970년을, 17은 공원화 사업을 완료한 2017년과 17개의 사람길, 고가차도 높이인 17m라는 복합적 의미를 지닌다. 기존의 노후한 교통로를 리모델링해 산책로를 만든다는 개발 개념은 뉴욕의 하이라인 공원을 떠올리게 한다.

청계천과 서울로7017처럼 자동차 도로를 공원으로 조성하는 경우,

기존 도로를 폐지하고 공원을 조성하는 데서 오는 시민들의 우려와 그럼에도 불구하고 공원을 조성하려는 주체들의 의지가 공공의 영역에서 종종 부딪치게 된다. 고가도로를 이용하면 단번에 갈 수 있었던 길을 폐지함으로써 교통 체증과 우회의 불편이 발생하는 것은 당연한 일이다. 차가 다니지 못할 정도로 낡아 재정비해야 하는 현실과 그것을 기회로 자동차 대신 사람이 다닐 수 있는 길로 바꿈으로써 도시의 면모를 일신하자는 생각이 충돌할 때 중간에서 절충을 모색하는 일은 계획·설계 작업 자체보다 훨씬 지난한 과정을 동반한다. 청계천의 경우, 주변 상인들의 반발과 충분한 대책 없이 시도되는 선 철거 후 계획의 문제가 강하게 지적되었다. 서울역7017 프로젝트는 고가도로 전체를 보도로 만들어 얻는 이익이 고가도로를 고쳐서 차도와 보도를 겸하도록 만드는 것보다 효율적인지에 대한 논란이 적지 않았다. 이들 선형 공원 프로젝트는 사회적 갈등을 중재하고 공론의 과정을 거치는 것이 계획·설계만큼이나 중요한 조경 행위의 절차임을 재인식하게 하였다.

계획과 설계의 측면에서는 콘크리트 구조물 위에 어떻게 자연을 도입할 것인지가 무엇보다도 주요한 관건이다. 기본적으로 생태 회복이 쉽지 않은 장소 여건을 보완하는 설계 개념과 기술 적용이 필요하다. 서울로7017은 구조적으로 식재가 불가능한 여건 속에서 경량 콘크리트로 화분을 만들고 콘크리트 내부에 스티로폼을 설치해 단열과 하중의 문제를 해결했다. 바닥은 원형 화분과 일체감이 있으며 진동에도 균열 없이 견딜 수 있는 라텍스 콘크리트로 포장해 최소한의 식재 기반을 확보했다. 청계천은 유속이 빠르고 호안이 단조로워 물고기가 서식하기 힘든 환경이었지만 거석, 목재 방틀, 인공 산란시설 등을 적절히 설치해 물고

기의 산란과 서식을 위한 환경을 마련했다.

　단절된 도시의 맥락과 커뮤니티를 어떻게 회복하고 복구할 것인지도 중요한 과제였다. 지역 주민은 기찻길로 인한 소음과 이웃이 단절되는 불편함을 오랫동안 겪어왔으며 폐선된 뒤에는 쓰레기와 불법주차 문제로 몸살을 앓았다. 부지의 역사적 맥락을 어떻게 할 것인지도 중요한 이슈였다. 기찻길은 누군가에게는 삶의 애환이 담긴 길이었고, 누군가에게는 낭만과 사랑이 깃든 추억의 길이었다. 장소가 지닌 이러한 맥락을 드러내고 치유하며 보완해줄 장치들이 조경 작업을 통해 재구성되었다. 철도와 기차가 남긴 흔적과 시설을 설계 모티브로 곳곳에 활용해 기차가 지닌 아련하고 따뜻한 기억을 떠올리게 했다. 주민 참여와 민관 협력 또한 좋은 선례를 남겼다. 발주처, 설계사, 지역 주민이 합심해 추진한 시민 조직은 '경의선숲길지기'라는 이름의 비영리 민간단체로 발전했고 이외에도 각 구간별 지역 커뮤니티 중심의 활동이 구체화되기도 했다. 경춘선숲길 공원에 마련된 텃밭은 주민 참여의 또 다른 시험장이 되고 있다.

선형 공원의 미래

한국의 도시는 지난 50년 동안 근대화와 산업화를 경험했으며, 제조업 중심에서 정보와 서비스 중심으로 산업이 전환되고 있다. 이러는 사이 도시 공간도 크게 바뀌었다. 도시의 진화는 불가피한 충격을 수반했으며 이로 인해 환경, 사회, 경제적 문제가 불거지기도 했다. 한국 조경을 대표하는 50개 작품에는 도시의 변화에 대한 조경의 대응이 함축되어 있다. 그중에서도 긴 선형 공원들에는 손상된 환경의 치유와 단절된 공동체의 회복을 위한 노력이 잘 담겨 있다.

　현대 조경의 특징 중 하나로 자연과 문화가 켤레 관계를 이루며 상보적으로 기능한다는 점은 이미 자세히 논의된 바 있다.[2] 문화화된 자연과 자연화된 문화가 적절히 어울려 작동하는 구조를 이루는 것은 동시대 조경 작업의 근간을 이룬다. 조경가는 대상지의 상황과 맥락을 파악하고 진단한 뒤, 이에 부응하는 자연과 문화의 배합을 고안해 계획과 설계로 공간에 풀어낸다. 선형 공원에 적용된 자연과 문화의 배합비는 환경과 사회의 회복을 꾀하되 장소의 맥락에 맞게 조정된다. 여의도샛강 생태공원은 자연의 천이와 재구조화에 더 집중한 반면, 청계천은 물과 역사를 활용한 테마파크에 가깝다. 복원된 청계천의 통수단면 위쪽에 흐르는 물은 잠실대교 인근의 자양취수장에서 끌어온 한강 물과 도심

청계천

서울로7017

경의선숲길

지하철역 부근의 지하수를 정수해 조달하며, 통수단면 아래쪽에는 도심의 오·폐수가 흐르고 있다. 장마철에 집중호우가 내려 청계천 양안의 하수로가 넘칠 경우 청계천의 석벽 수문이 열려서 주변 주택과 빌딩의 침수를 막도록 했다. 서울로7017의 식재는 원래의 자연과 거리가 멀다. 645개 화분에 50과 228종 식물을 '과' 이름 기준 가나다순으로 배치했다. 경의선숲길과 경춘선숲길은 숲이라는 생태적 공간을 무리하게 재현하려 하지 않는다. 대신 끊어진 도시의 흐름을 회복하고 공동체를 잇는 데 보다 집중한다. 철도와 기차는 흔적 기관처럼 소환되어 장소의 의미를 확인하게 하고 철도역 대합실은 만남의 장소로 치환된다.

　선형의 긴 공원은 도시에 새로운 맥락을 선사하고 방문자에게 특별한 경험과 영감을 준다. 한국 조경 50년의 대표작으로 선정된 선형 공

원들은 공간적, 사회적 단절에 대응하는 생태적, 사회적 회복의 거점이
되고 있다. 선형 공원은 자연의 생태와 조경의 생태를 조화시키는 방식
과 정치·사회적 논의를 공간의 계획·설계와 통합하는 방식을 고민하고
경험하게 했다. 진화하는 도시는 불확실하고 복잡하며 다양한 속성을
지니고 있다. 기후 변화, 정보 기술의 발달, 인구·사회적 변동 등 향후
50년은 지난 50년을 넘어서는 큰 변화를 겪게 될 것으로 예상된다. 긴
선형 공원을 회복의 공간에서 회복탄력성resilience을 발휘하는 공간[3]으
로 발전시키는 것, 새로운 50년을 향한 조경의 도전이자 과제다.

1   제임스 코너, "서문", 『라지 파크: 공원 디자인의 새로운 경향과 쟁점』, 줄리아 처니악·조지 하그
     리브스 편, 배정한+idla 역, 도서출판 조경, 2010, p.11.
2   배정한, 『현대 조경설계의 이론과 쟁점』, 도서출판 조경, 2004, pp.29-44 참조.
3   Grosvenor Group, *Resilient Cities: A Grosvenor Research Report*, 2014 참조.

이전적지에서
공원으로

서영애

'이전적지 공원화'는 산업시설이나 학교 등의 부지를 공원으로 전환하는 것을 말한다.[1] 탈산업화와 도시 확장으로 인해 쓰레기 매립지와 철로처럼 수명을 다한 시설, 도시 구조와 형태 변화로 인해 도시 외곽으로 이전한 공장과 정수장 같은 시설은 공원 수요에 비해 공급 가능한 대상지가 부족한 대도시에서 그 용도를 공원으로 전환하기에 매력적인 공공재다.

근대 도시계획이 시작되기 전 한국에 초기 공원이 들어선 곳도 넓은 범위의 이전적지라고 볼 수 있다. 19세기 말부터 기존의 시설이나 오픈 스페이스에 최소한의 개입으로 공원이 조성되었다. 고려시대 사찰 터가 탑골공원(1897년)으로, 일상에서 즐겨 오르는 낮은 산이 한양공원(1910년)으로, 조선 왕실의 묘원인 효창원 일부가 효창공원(1924년)으로 전환된 것이 그 사례다. 한국에서는 도시화가 급속도로 이루어졌기 때문에 산업 이전적지의 공원화가 자연스럽게 진행된 측면이 있다. 산업화의 속도만큼 토지의 기능과 목적도 빠르게 변한 것이다.

이전적지 공원화가 주요 정책으로 부상한 계기는 1996년 서울시의 '공원확충 5개년계획'이다. 이 계획은 지방자치제 부활과 함께 서울시 민선 1기 시장으로 선출된 조순이 수립한 것으로, 21세기를 대비한 녹지량 확충을 위해 "시설 이적지와 남아있는 공유 토지는 녹지공간으로 우선 확보"하고 "공원 녹지가 부족한 지역은 적극적으로 토지를 매입하여 공원·녹지공간으로 확보"한다는 기본 방향을 설정했다. 이 정책에서 이전적지 공원 계획으로 분류할 수 있는 것이 여의도 광장의 공원화, 난지도 매립지 종합체육공원 조성, 공장 부지 매입 후 공원화다.[2] 이를 통해 여의도공원(1993년), 하늘공원(2022년), 다섯 개 공장 부지의 공원(1998년)이 조성되었다. 특히 공장 부지의 토지 매입을 위해 많은 비용이 들었다.[3]

한국 조경의 지난 50년간 공장, 정수장, 철로, 군사기지, 석유탱크, 경마장, 도로, 학교, 광장, 운동장 등 다양한 유형의 이전적지가 공원으로 전환되었다. 묘역과 골프장이었던 효창공원, 비행장과 광장이었던 여의도공원 등 장소의 역사적 층위가 두터운 사례도 있다. 2010년대에는 경의선숲길(2012~2016년), 서울로7017(2017년), 경춘선숲길(2019년)처럼 도로와 철로 이전적지를 선형 공원으로 바꾸는 프로젝트가 진행되었다. 이전적지 공원화는 매입, 이전, 폐쇄, 기증 등 다양한 방식을 통해 이루어졌는데, 공공이 주도한 대부분의 경우와 달리 삼덕공원(2009년)은 민간이 공장 부지를 기증한 드문 사례다.[4] 이전적지 공원은 한국 조경 50년을 맞아 진행한 설문 조사에서 선정된 50개 작품 중 거의 절반을 차지한다. 어떤 부지가 어떤 과정으로 공원이 되었는지 대표적인 사례를 중심으로 이전적지 공원의 특성을 살펴보자.

어린이대공원, 특정 계층의 전유물에서 공공재로

한국 현대 조경이 태동하는 시점인 1973년 개원한 서울 어린이대공원은 골프장 부지에 공원을 조성한 경우다. 1970년 박정희 대통령의 지시로 공원화가 결정된 뒤 1971년 홍익대학교 부설 건축·도시계획연구소가 동양 최대의 디즈니랜드를 목표로 기본계획을 수립했다. 막대한 예산 문제와 오락 시설 위주라는 비판에 처하자 자문위원회를 구성해 기존 자연과 잔디밭을 최대한 보존하고 최소한의 시설을 도입하는 방향으로 계획이 변경되었다. 이 공원은 6개월이라는 단기간 공사를 통해 1973년 어린이날 개장했다.[5]

서울 어린이대공원 준공 사진, 1973년

어린이대공원은 국내에서 조경이 학문과 산업의 모습을 갖추기 전에 골프장을 대규모 위락공원으로 전환하는 계획을 세우고 의견 수렴 단계를 거쳤다는 점에서 주목할 만하다. 특정 계층이 독점하던 공간이 공원으로 조성됨으로써 시민 누구나 사용할 수 있는 열린 공간으로 변모했다. 준공 당시의 조감도를 보면 골프장 잔디가 그대로 공원 시설로 전환된 것을 확인할 수 있다. 이전에는 주로 궁과 능에서 여가를 보내던 서울시민은 어린이대공원이 개원하자 넓은 잔디밭을 향유하는 새로운 공원 문화를 경험하게 되었다. 동물원, 식물원, 놀이시설 등을 갖춘 서울 동부권의 대형 공원인 어린이대공원은 시민들이 사랑하고 기억하는 공원으로 자리 잡았다.

보라매공원, 이전적지 공원의 모범 사례

보라매공원은 1985년 12월 공군사관학교가 청주로 이전한 뒤 같은 해 12월 20일부터 정비를 시작해 1986년 5월 5일 개원했다. 서울시는 공원화를 위해 기존 시설의 활용계획과 임시 관리계획을 수립했다.[6] 15년간 기존 시설을 부분적으로 보수하며 사용하다가 2000년에 이르러 설계공모를 통해 기본계획이 수립되었다. 3단계로 진행된 재정비계획을 통해 노후 건축물 일부를 철거하고 공원 시설을 확충했으며, 공군사관학교의 유래를 알리기 위해 전투기와 수송기를 전시하는 에어파크를 조성했다.[7]

개원한 지 35년이 넘었지만 보라매공원은 공군사관학교 당시의 기본 골격을 유지하고 있다. 개장 직후의 사진을 보면 중앙의 잔디광장과 주요 축선, 건물군 등의 배치가 지금과 다르지 않다는 것을 알 수 있다. 독

수리상과 성무탑이 남아있는 진입로 경관도 그대로 유지되고 있다. 공원 이름의 유래는 공군사관학교의 상징인 보라매에서 비롯되었다. 공군대학 이전지에 공공 용지 개발[8]로 조성한 기상청, 소방서, 동작체육센터와 같은 시기에 개교한 보라매초등학교의 이름도 과거를 기억하게 해준다. 보라매공원 내에 오랫동안 위치했던 서울시 동부공원녹지사업소는 개원 30주년 기념사진 공모전을 통해 시민들의 기억을 수집해 공원에서 기념 전시회를 열기도 했다.

보라매공원은 주변의 소방서, 학교, 병원 등과 공원 프로그램을 공유하며 소통하고 있다. 소방서 훈련, 학교 운동회 같은 행사가 공원에서 진행되고, 보라매병원 환자를 위한 편의 시설이 공원에 조성되기도 했다. 인근 주민과 회사원이 참여하는 봉사 프로그램도 운영되고 있다. 동물원, 지압광장, 음악분수, 애견놀이터 등 트렌드 변화에 따라 새로운 시설이 들어서면서 공원은 꾸준히 진화하고 있다.

공군사관학교 전경, 1980년대

5개 이전적지 공원, 공장 부지 매입을 통한 공원화

서울시는 1996년 '공원확충 5개년계획'의 '공장 및 시설이적지 공원화 계획'에 따라 준공업지역 내 도심 부적격 업체 중 자체 이진 계획을 수립한 곳을 선별해 접근성이 양호하고 환경 개선 효과가 큰 부지를 대상으로 공원화 사업을 진행했다.[9] 1998년 파이롯트 공장 부지가 천호동 공원으로, 삼익악기 공장 부지가 성수동공원으로, OB맥주 공장 부지가 영등포공원으로, 답십리 전매청 창고 부지가 간데메공원으로 변신했다. 초기 계획에서는 문래동 대선제분 공장 부지가 선정되었으나 진행 과정에서 등촌동의 성진유리 공장 부지가 매화공원으로 조성되었다.

영등포공원에는 맥주 공장의 담금솥을, 매화공원에는 유리 조형물을 두어 이전 시설의 흔적을 남겼으나 공장 부지의 공원화는 산업화의

영등포공원의 담금솥 조형물, 2022년 사진

191

매화공원의 유리조형물, 2022년 사진

기억과 장소적 특성을 드러내는 데 미흡했다는 평가를 받았다.[10] 혁신적인 정책으로 막대한 토지 보상 비용을 들인 사업이었음에도 공원 조성과정은 기존의 방식을 크게 벗어나지 못했다. 설계공모를 통해 창의적인 아이디어를 모았더라면 더 나은 결과물과 함께 공감대 확산에도 기여했을 것이다.

성수동공원은 2015년 리모델링을 거쳐 구두 테마공원으로 탈바꿈했고, 2022년 현재 간데메공원에서는 지하 주차장 건설을 위한 리모델링이 진행되고 있다. 영등포공원의 담금솥과 매화공원의 유리 조형물은 공원 주변의 변화에도 불구하고 여전히 자리를 지키고 있다. '누가 바람을 보았는가'라는 제목의 유리 조형물에는 "이 작품은 1974년부터 1997년까지 이 자리에서 유리 공예품을 생산하다 이전한 성진유리가 기증한 유리를 소재로 강서구가 설치한 조형물입니다. 초대 민선 강서구청장"이라는 안내문이 붙어 있다. 이 다섯 개 공원은 이전적지 공원화를 제도로 도입해 적극 실행하고 장소에 대한 고민을 시작하게 만들었다는 점에서 의미가 있다.

선유도공원과 하늘공원, 이전적지 공원 시대를 열다

한강의 아름다운 섬이었던 선유도와 난지도는 산업 시대에 정수장과 쓰레기 매립지로 활용되다 21세기 들어 나란히 공원이 되었다. 선유도공원(2002년)은 정수장 시설을 남겨 공원 시설로 활용함으로써 공원 설계 전략의 새로운 지평을 열었다.[11] 하늘공원(2002년)은 쓰레기 매립지가 생명이 숨 쉬는 땅으로 변신한 역동적 사례로 해외에서 벤치마킹하는 서

선유도공원, 2022년 사진

울의 대표 공원이 되었다.[12] 시민이 참여하는 예술과 교육 프로그램이 이루어지고 있으며, 2020년에는 쓰레기 산에서 공원이 되는 과정을 담은 아카이브 작업과 온라인 전시가 진행되었다.[13]

21세기를 열며 공원 설계의 전환점을 제시한 두 공원은 방문자에게 이전의 공원과는 다른 특별한 경관을 제공했다. 시민들은 땅의 기억을 떠올리고 공원에서 비일상적 경험을 겪을 수 있게 되었다. 무엇을 어떤 방식으로 기억할지에 대한 설계 전략을 공론화하기 시작했다는 점에서도 의미가 있다. 두 공원을 시작으로 경마장에서 공원이 된 서울숲(2005년), 신월 정수장에서 공원으로 바뀐 서서울호수공원(2009년), 석유비축기지에서 공원으로 변모한 문화비축기지(2017년)로 이어지는 시도들은 공원 문화를 새롭게 확장하고 있다.

난지도의 매립지 경관

현재진행형의 용산공원, 군사 기지의 공원화

용산공원이 들어설 용산 미군기지는 고려 때는 몽골군, 임진왜란 때는 왜군의 병참기지로 사용되었으며 일제강점기에는 일본군이, 해방 후에는 미군이 주둔한 금단의 땅이었다. 2003년 한미 정상이 용산 기지의 평택 이전에 합의한 뒤 공원화가 결정되었고, 2007년 용산공원특별법 제정, 2011년 종합기본계획 수립, 2012년 국제 설계공모 등을 거치며 최초의 국가공원으로 탈바꿈하고 있다. 용산공원은 2021년 종합기본계획이 변경 고시됨으로써 여의도 전체 면적보다 큰 300만m²의 초대형 공원으로 확장되었고, 단계별 계획과 조성을 통해 2030년대 초반 완성될 전망이다.[14]

1992년 미군 기지의 일부 반환과 함께 미군 골프장 부지를 공원화한 용산가족공원은 2020년 용산공원 공원조성지구에 편입되었다. 1988년 노태우 대통령은 서울시장에게 미군기지 내 골프장 부지의 공원 조성을 지시했고 서울시는 이듬해 공원화 구상을 발표했다.[15] 1991년에 종합계획이 수립되었으나 예산 확보에 많은 시간이 소요되는 점을 고려해 최소한의 편익 시설을 설치하는 간이공사를 거쳐 용산가족공원을 개장했다.[16]

2022년 6월 현재 용산 기지의 약 30%가 반환된 상태이며, 용산공원 조성기본계획, 기지 내 건축물 아카이브 작업, 공원 조성 전 관리를 위한 조사 연구 등이 진행되고 있다.[17] 1990년 이후 30년 넘게 진행되어온 용산공원 조성 사업은 앞으로도 많은 정치·경제·사회적 변화에 직면할 것으로 전망되므로 예상하기 힘든 여러 변화에 탄력적으로 대응할 수 있는 계획 전략이 필요하다.[18] 군사 기지에서 공원이 되는 용산공원의 변화는 현재진행형이다.

이전적지 공원화와 한국 조경

살펴본 바와 같이 어린이대공원과 용산가족공원은 골프장 부지였던 곳으로 당시 대통령의 지시에 따라 공원이 되었다. 두 경우 모두 공원 계획이 수립되었으나 당면한 여러 가지 사정으로 인해 기존 시설을 보존하고 최소한으로 개입하는 수준에서 개원되었다. 두 공원과 보라매공원은 모두 5~6개월이라는 단기간의 보완 또는 보수 공사만을 거쳐 완공되었다. 어린이대공원과 보라매공원은 각각 1983년과 1986년 어린이날 문을 열었으며, 보라매공원은 공군사관학교가 이전하기 전부터 임시 개방을 서둘렀다는 기록이 남아있다.[19] 이처럼 초기의 이전적지 공원은 짧은 기간 안에 개원하느라 오히려 기존 시설의 골격과 주요 공간을 보존하게 된 아이러니한 결과를 낳기도 했다.

녹지 확충을 목표로 만든 공장 부지의 공원들은 아쉬운 평가를 받았지만 값비싼 대가를 치른 세기말의 경험은 21세기 이전적지 공원 시대의 밑거름이 되었다. 때마침 정수장, 철로, 고가도로, 석유 탱크 등 다양한 이전적지가 발생하면서 공원은 공공재로서 가장 적합한 선택지가 되었다. 프레시킬스 공원, 다운스뷰 공원, 하이라인 등 세계적인 이전적지 공원화의 등장도 한국의 특성에 적합한 모델을 모색하는 데 영향을 끼쳤다.

조경계에서 비평 문화가 본격화된 것도 이전적지 공원화와 관련이 깊다. 이전적지의 기억과 장소성이라는 키워드가 생태와 전통으로 양분되었던 공원 설계 전략을 한층 풍부하게 해준 것이다. 이전적지 공원화는 전문가에게는 층층이 쌓인 땅의 역사를 들여다보는 계기를, 이용자에게는 새로운 경관과 공원 문화를 체험할 계기를 만들어주었다.

공원은 주변 지역의 영향을 받으며 시간에 따라 계속 변화한다. 성수동 삼익악기 공장 부지는 구두 테마공원으로 바뀌었고, 안양 삼덕공원에는 기증자가 원하지 않았던 지하 주차장이 기어이 건설되었다. 선유도공원에는 곧 새 보행데크가 추가될 계획이다.[20] 완전히 바뀌거나 일부 덧대어지면서 공원의 겉모습은 지속적으로 변하지만, 대상지에 용해된 과거의 흔적과 사람들의 기억은 쉽게 사라지지 않는다. 근현대사와 관계를 맺으며 성장해온 이전적지 공원화 실천이 땅의 이야기와 누적된 가치를 공유하며 이어지기를 기대한다.

1 '이전적지'는 1982년 '수도권정비계획법'에서 정의된 용어로, 수도권정비계획에 따라 이전한 이 전촉진권역 안의 인구 집중 유발 시설의 종전 대지를 뜻한다. 1994년 전문 개정에 따라 '종전 대 지'라는 용어가 사용되고 있다. 인구 집중 유발 시설이란 동법 제2조 제3항에서 '학교, 공장, 공 공 청사, 업무용 건축물, 판매용 건축물, 연수 시설, 그 밖에 인구 집중을 유발하는 시설'이라고 규정되어 있다.

2 서울특별시, "공원확충 5개년계획", 1996, pp.1~5, pp.15~23.

3 대상지 5개소 131,357㎡를 공원화 기간 4년 동안의 사업비가 2,545억 원이다. 위의 보고서, p.23.

4 삼덕공원은 전재준 삼덕펄프 대표가 삼덕제지 공장 터를 2003년 안양시에 기부하여 조성되었 다. 부지를 기증받은 안양시가 2008년 공원 부지 지하에 주차장을 건설하겠다는 계획을 발표하 자 기증자가 강력히 반대하며 서명운동까지 벌이면서 온전한 공원으로 조성되었다. 설계공모 당 선작이 해외 작품의 모작이라는 논란도 있었다. 2017년 재래시장 활성화를 위해 다시 주차장 건 설을 시도했고 시민단체의 반대에도 불구하고 2020년 지하 주차장이 건설되었다. 안양시는 기부 공원의 역사성을 살리기 위해 삼덕 스토리보드를 설치하고 기부자의 뜻을 기리는 나눔 아트월 제 막식을 거행하기도 했다.

5 어린이대공원 부지는 순종 승하 전까지 순종의 비 순명황후 민 씨의 능이 있었던 곳으로, 조선총 독부가 대한제국에 무상 임대하여 1929년에 '경성컨트리구락부'를 개장했다. 1941년 제2차 세 계대전이 일어나면서 비행장과 신병 훈련장으로 사용되다가 1950년 골프장이 재개장했다. 다시 전쟁으로 폐허가 되었으나 1953년 정재계 인사들이 모금하여 국제 규모의 '서울컨트리클럽'으로 재개장하면서 1960년대까지 최고 지도층의 전유물로 쓰였다. 1970년 박정희 전 대통령은 당시 서울시장에게 골프장을 옮기고 어린이를 위한 공원을 조성하라고 지시했다. 일부 부지가 서울시 에 기부되었고, 서울시는 대기업과 재일교포의 기부를 통해 공원 조성 비용을 확보했다. 손성일, 『서울 어린이대공원 활성화를 위한 재조성 방안에 관한 연구』, 서울시립대학교 도시과학대학원 석사학위논문, 2021, pp.33~35.

6 서울기록원이 소장한 당시 도면을 확인해보면 대부분의 건축물이 공원 시설로 재활용되었음을 알 수 있다. 기존 건축물들은 청소년연맹, 구민회관, 민방위교육장, 복지시설 등으로 활용되었다. 서울기록원, "보라매공원 임시관리계획", 1985. 또한 최소한의 공원 시설인 벤치, 퍼걸러 등만 신 규 설치하고 일부 수목을 이식하는 등 대부분의 기존 시설이 공원에서 다시 쓰였다. 서울기록원, "보라매공원 시설 이용 및 보수계획", 1986.

7 서울특별시, "보라매 청소년공원 2·3단계 재정비사업 추진계획", 2006, 서울기록원 소장기록.

8 서울특별시, "공군대학 이전 예정지 토지이용계획 수립", 1993, 서울기록원 소장기록.

9 서울특별시, "공원확충 5개년계획", 1996, p.23.

10 배정한은 이전적지 공원화 사업의 결과물을 다음과 같이 비평했다. "한 장소의 기억과 개성을 복 원하기 위해 그 장소만의 특이한 성격을 창조적으로 살려내는 장소중심적 설계는 그 어떤 시대의 조경가에게도 당위에 가까운 명제이다. 공장이라는 분명한 장소성과 시간의 기억을 간직하고 있 는 대상지의 성격을 살리지 못했다는 건 비평의 화살을 피해가기 어렵다." "점적인 오브제로 공장

의 기억과 그 속의 삶의 역사를 담을 수 있다는 생각은 이 공원은 예전에 00공장이었다는 식의 안내판을 세워놓는 것, 그 이상도 그 이하도 아니다. 공장과 공장 터의 물리적 구조를 최대한 활용하거나 공장의 물리적 흔적을 현재의 공원과 중첩시키는 보다 적극적인 설계 전략이 마련되었어야 한다." 배정한, "기억의 상실, 공장 및 시설 이적지 공원화 사업에 대한 비평", 『Locus 2』, 도서출판 조경문화, 2000, pp.115~130.

11 1999년 5월 선유정수장 이적지 공원화 추진 방침 수립이 수립되었고, 같은 해 10월 설계공모를 통해 선유도공원 당선작으로 조경설계 서안+조성룡도시건축+다산컨설턴트 컨소시엄의 안이 선정되었으며, 2002년 7월 준공되었다. 서울특별시 건설안전관리본부, 『기억과 꿈: 선유도공원 건설지, 2002, p.45.

12 밀레니엄공원 기본계획위원회가 하늘공원 기본계획을 수립하고 유신코퍼레이션과 평화엔지니어링 종합건축사사무소가 조경 기본 및 실시설계를 했다. 2000년부터 공사가 시작되어 2002년 개원했다.

13 2020년 서울시정 협치 사업의 일환으로 '공원아카이브 구축사업'이 시행되었다. 월드컵공원이 소장한 매립지 시절의 난지도 사진과 하늘공원 설계 과정의 도면, 공원 문화 프로그램의 기록 등을 모은 월드컵공원 아카이브 작업이 이루어졌다. 행정 담당자와 참여 전문가의 인터뷰를 포함한 '서울의 공원아카이브 전, 우리의 공원'이 온라인으로 전시되고 있다. www.ourpark.kr.

14 2020년 부지 추가 및 신규 편입으로 용산공원 조성지구 면적 243만㎡에서 300만㎡로 확장되었다. 추가 편입 부지는 국립중앙박물관, 전쟁기념관 용산가족공원이며, 신규 편입 부지는 옛 방위사업청 부지와 군인아파트 부지다. 국토교통부, 『용산공원 정비구역 종합기본계획 변경계획』, 2021, p.9.

15 서울특별시, "용산 미8군 이적지 공원화계획 추진내용 통보", 1989, 서울기록원 소장기록.

16 서울특별시, "용산가족공원 조성계획 보고", 1991, 서울기록원 소장기록.

17 국토교통부, "용산기지 내 시설물 조사 및 관리방안 연구", 2022.

18 용산공원의 회복탄력적 설계 전략에 대해서는 다음을 참조. 최혜영·서영애, "리질리언스 개념을 통해서 본 설계 전략과 과정, 『한국조경학회지』 46(5), 2018, pp.44~58; Hyeyoung Choi and Young-Ai Seo, "The Process of Creating Yongsan Park from the Urban Resilience Perspective", *Sustainability* 11(5), 2019, 1225.

19 "보라매공원의 시설 보완사업은 4월 말까지 완료되어야 할 우리 시의 역점 사업"이며 "과업지시서에 따라 조속히 설계 완료할 것"이라는 기록에서, 바로 직전 해 12월에 이전한 공군사관학교 부지의 공원화를 서둘러 진행해 보라매공원을 개원한 점을 확인할 수 있다. 서울특별시, "설계심사자료 보완보고" 1986, 서울기록원 소장기록.

20 박경훈, "서울시 선유도에 한강 랜드마크 순환형 보행데크 생긴다", 「서울경제」, 2022년 1월 26일자.

상품성과 공공성,
아파트 조경의 모순과 미래

김영민

아파트 공화국의 아파트 조경

프랑스의 지리학자 발레리 줄레조Valérie Gelézeau가 『아파트 공화국』이라는 책을 쓴 이유는 단지 아파트의 풍경이 흥미로웠기 때문만은 아닐 것이다.[1] 줄레조는 한국의 아파트가 한국인의 공간 의식을 지배하고 있을 뿐 아니라 삶과 문화, 심지어 계층까지 규정하는 무의식의 핵심이라 짐작했을 것이다.

아파트라는 유형의 주거 형태는 일제강점기에 국내로 들어왔다. 하지만 단일 건물로 지어진 초창기 아파트는 우리가 일반적으로 생각하듯 넓은 단지에 모여있는 아파트들과는 거리가 멀었다. 박철수는 우리나라를 아파트 공화국보다는 "단지 공화국"이라 부르는 것이 더 적절하다고 했다.[2] 아파트라는 말에서 우리가 떠올리는 이미지는 건축물보다는 단지로 규정된 총체적 주거 환경에 가깝기 때문이다. 아파트가 단지화 되자 조경이 필요하게 되었다. 조경을 제대로 한 첫 아파트 단지는 10개 동으로 구성된 1962년의 마포 아파트였다. 1960년대 경제개발 5개년 계획이 수립되고 대규모 아파트 단지가 본격적으로 새로운 도시의 모델로 채택되며 아파트 공화국의 서막이 열렸다. 아파트가 저소득층을 위한 주거 모델이었던 다른 나라와 달리 한국의 아파트 단지는 중산층 이상을 위한 모델로 개발되었다. 특히 1971년에 지어진 한강맨션은 중상류층을 겨냥한 고급형 아파트로, 이후 민간이 주도하는 아파트 시장에 새로운 모델을 제시했다. 놀랍게도 1970년대 아파트 조경의 상당수는 지금보다 더 고급스러웠다. 야외수영장과 테니스장이 아파트 조경의 기본 요소일 정도였다. 지금도 야외수영장은 초고가 아파트 단지라도 조성비와 관리비 문제로 인해 건설사들이 쉽게 도입하지 못하는 조경 시설이다.

아파트의 풍경이 본격적으로 우리 삶과 공간을 정복하기 시작한 때는 1980년대이다. 주택 부족 문제를 해결하기 위해 국가에서 팔을 걷어붙이고 나서면서 이전과 비교할 수 없을 정도로 많은 아파트 단지가 만들어지기 시작했다. 1986년 준공된 아시아선수촌 단지는 아파트 조경의 새로운 전환점을 제시했다. 국제현상공모를 통해 조성안을 결정하면서 아파트 조경에도 설계 개념이 도입되었다. 이때 도입된 중요한 혁신 중 하나는 지하주차장이었다. 야외 공간의 대부분을 차지하던 자동차가 사람에게 자리를 내주면서 조경의 가능성이 그만큼 넓어졌다. 1990년대와 2000년대는 신도시 아파트의 시기였다. 아파트가 폭발적으로 늘어나면서 건설사들은 브랜드 만들기에 신경을 쓰게 되었고, 조경은 아파트의 상품 가치를 손쉽게 효율적으로 올릴 수 있는 방법으로 주목받았다. 아파트 조경은 이제 기능적이고 필수적인 요소이기보다 특화

미사강변센트럴자이

상품으로 여겨지게 되었다. 상품이라는 이름 아래 아파트 조경은 가장 비싼 조경 공간이 되었다. 우리나라에서 가장 잘 만들었다는 공원보다 웬만한 아파트 조경 공간의 단위 공사비가 훨씬 크니 말이다.

아파트 조경에 대한 부정적 인식

그럼에도 불구하고 한국의 조경 담론에서 아파트 조경은 좋은 평가를 받지 못했다. 아파트 조경은 수준 높은 조경을 이야기할 때 비교의 대상으로 등장하곤 했다. 작가주의를 지향하는 설계사무소는 '우리는 이제 아파트 조경은 안 한다'라고 당당하게 선언한다. 학문적으로도 아파트 조경은 주목받는 연구 주제가 아니며,[3] 대학에서도 아파트 조경을 군이 가르쳐야 하냐는 비판적 의구심이 계속 제기된다. 물론 이러한 인식을 뒷받침하는 이유는 있다.

주차장이 아파트 외부 공간의 대부분을 차지하고 있어 옹색한 식재가 전부였던 시절에는 아파트 조경에 대한 이야깃거리도, 볼거리라 할 만한 것도 없었다. 건설사들이 앞다투어 조경에 돈을 투자하던 호황기에도 조경은 정체불명의 전통을 반영한 석가산과 자유의 여신상 모조품, 값비싼 낙락장송 군식이 병치된 낯선 조합의 풍경을 연출했다. 저평가의 이유가 설계에만 있는 것은 아니었다. 최대한 공사비를 아끼면서 최대한 잘 팔리는 아파트를 만들려는 효율 추구의 시스템이 아파트 조경의 질을 결정했다. 공공의 경우에도 나을 것은 없었다. 전문성이 의심스러운 심사위원 구성과 공정한 선정을 보장하기 어려운 구조적 폐단이 아파트 조경의 품질을 낮추는 데 일조했다. 그러다보니 기성품을 양산하는 종류의 설계가 아니면 오히려 일을 따기 어려운 딜레마가 발생했다. 악화惡貨는 양화良貨를 구축한다. 정해진 공식을 적용하고 변주하는 현장으로 전락한 아파트 조경은 설계 단가를 낮출 수 밖에 없는 현실로 인해 설계를 창작이 아니라 노동으로 남게 했다. 아파트 조경설계로 몇 해를 보내면 조경 분야를 벗어나는 꿈을 꿀 수밖에 없다는 농담은 조경학과 학생들이 조경하는 것을 두려워하게 만들었다. 하지만 아파트에 대한 부정적 인식은 이 모든 사안보다도 근본적으로는 공공성이라는 이데올로기가 만들어낸 것이었다. '한국조경헌장'에도 있는 공공성이라는 가치는 사유재인 아파트 조경을 도덕적으로 의구심을 가질 만한 조경으로 만들었다. 조경은 공공에 기여하는 분야임에도 불구하고 자본으로 인해 양산된 아파트 조경은 조경가가 멀리하고 경계해야 할 대상이라는 도덕 의식. 이러한 이데올로기가 50년간 한국 조경계로 하여금

공원과 생태에 집착하게 했다. 지난 50년간 아파트 조경은 한국 조경의
발목을 잡아 온 난제로 취급받아왔다.

첫 번째 모순, 상품성

정작 한국 조경의 걸림돌은 오히려 아파트 조경보다 그것에 대한 지나친
경시라는 점을 아무도 지적하지 않는다. 코로나 팬데믹 이전인 2019년
우리나라 건설공사의 전체 규모는 215조 원이고 그중 아파트 건설공사
는 52조 원으로 전체 건설공사의 4분의 1에 해당한다. 조경 공사의 전
체 규모는 6조 5천억 원이고, 그중 아파트 조경은 2조 원이었다.[4] 조경
산업에서 아파트 조경이 차지하는 비중은 전체 건설산업에서 아파트 건
설이 차지하는 비중보다 더 큰 셈이다. 지난 반세기 동안 한국 조경의 성
장이 아파트 조경에 크게 의존해왔다는 것은 누구도 부정할 수 없다. 엘
리트 조경이든 공공 조경이든 작품으로서의 조경이든 산업의 규모를 키
워낸 아파트 조경의 혜택을 받아왔다. 2020년 기준으로 우리나라 전체
가구의 51.1%가 아파트에 거주하고 있다.[5] 조경에 대한 품질 개선의 목
소리는 사람들의 가장 가까운 일상 공간을 다루고 집값에 영향을 미치
는 아파트 조경에서 시작된다. 산업에서의 압도적 비중, 민간 시장의 풍
부한 자금력, 대중의 높은 관심과 품질 향상에 대한 욕구. 이러한 조건
을 고려한다면 아파트 조경은 압도적으로 우수한 조경이어야 한다. 공
공의 근린공원 조성비는 강남 재건축 단지 아파트 한두 채 값에 불과하
다. 30억짜리 아파트가 2천 세대 있는 강남 대단지의 조경은 어떠해야
할까. 오히려 아파트 조경이 수준 낮은 조경의 대명사로 인식되는 한국
조경의 현실에 모순이 있는 것이다.

이러한 현상의 결과가 왜곡된 인식을 만드는 데 그친다면 크게 잘못된 것은 없다. 그러나 가장 수준 높은 조경을 만들어낼 만한 조건이 냉소를 이끌어내는 수준의 조경을 양산한다면 문제가 있다. 아파트 조경을 경시함으로써 한국 조경이 성장할 가능성과 조건을 스스로 저버린 것과 다름없기 때문이다. 건설사는 조경설계의 결과를 작품보다는 상품이라 부른다. 상품의 관점에서 궁극적 가치는 생산 비용보다 최대한 높은 가격을 받고 파는 것이다. 조경의 상품화가 불편하고 공공성 실현이 목적인 조경이 돈을 버는 도구가 되는 것이 안타깝다면 현실을 다시 바라볼 필요가 있다.

아이폰 디자이너의 목표는 잘 팔리는 아이폰을 만드는 것이다. 메르세데스 벤츠의 신모델 디자인도, 에르메스의 2022 컬렉션 디자인도, 스타벅스의 텀블러 디자인도 최대의 이윤을 남기는 상품을 만드는 것이 목표이다. 여기에 손에 잡히지 않는 공공성과 도덕 의식의 그림자는 없다. 대중은 최고의 디자인을 최고의 가격으로 사기를 원한다. 그것이 자본주의를 살아가는 우리의 당연한 현실이고 진리다. 물론 윤리 경영과 환경 경영이 새롭게 대두되고 있다. 그런데 착각하지 말아야 한다. 이때 기업의 윤리와 환경에 대한 고려는 그 자체가 목표가 아니라 좋은 경영을 위해 도덕 의식을 이용하는 것이다. 결국 아파트 조경에 대한 경시는 조경의 상품성을 억압하는 결과를 가져왔다. 모든 조경이 상품이어서는 안 된다. 그러나 상품성이 만들어낼 수 있는 조경의 새로운 가능성을 없앨 필요는 없다.

한때 태국의 조경은 민간과 공공의 극단적인 수준 차이로 유명했다. 리조트, 상업몰, 고급 아파트의 조경은 세계적인 수준인데 반해 도시의 조경이나 공원의 수준은 낮았다. 그런데 자본이 뒷받침된 민간 영역에서 새로운 트렌드를 만들고 실력을 쌓은 젊은 조경가들이 이제 태국의 공공 조경을 바꾸고 있다. 한국 조경이 세계 무대에서 별다른 주목을 받지 못하는 사이 태국 조경가들의 작품은 이제 전 세계 조경가들에게 신선한 충격을 주는 수준으로 성장했다. 한국보다 늦게 민간 주거 시장이 형성된 중국의 아파트 조경은 10년 전만 하더라도 한국 조경을 모방하는 것이 관행이었다. 이제는 한국 건설사가 중국 아파트 조경 사진을 들고 설계사를 찾아온다. 포털사이트에서 검색되는 뛰어난 주거 조경의 사례는 대부분 중국의 아파트 조경이다. 이제 중국 조경은 어느 나라도 무시하지 못할 수준으로 도약했다. 우리가 상품으로서 조경의 욕망을 지나치게 억누른 사이 다른 나라의 조경은 상품적 가치를 찾기 위한 노력을 끊임없이 기울였고, 오히려 자본의 힘을 바탕으로 공공 조경의 질도 함께 끌어올렸다.

두 번째 모순, 공공성

물론 한국의 아파트 조경이 제자리에 머무른 것만은 아니다. 최근에는 주차장의 전면 지하화가 일반화되며 좋은 조경 공간을 만들어내기가 과거와 비교할 수 없을 정도로 구조적으로 유리해졌다. 아파트 가격이 올라가면서 조경에 투자한 만큼 재산 가치에 반영된다는 인식이 강해졌고, 문화적 수준과 취향의 기준이 높아진 대중은 이제 과거의 촌스러운 조경 테마를 거부하기 시작했다. 잘 팔리는 단지를 만들기 위해 발주 방식의 문제를 개선하고 필요하다면 돈을 더 들여서라도 좋은 조경가와 작가를 초빙해 특화 설계를 진행한다. 경쟁이 치열해지면서 건설사들은 고급화된 브랜드 이미지를 만들었고, 이에 따라 조경의 질적 향상을 위한 여러 노력이 진행되었다. 자연스럽게 아파트 조경은 주변 공원이나 공공 조경의 품질을 넘어서기 시작했다. 물론 여전히 문제는 남아 있다. 전문지에 실리는 아파트 조경은 누가 설계했는지 구별이 되지 않을 정도로 비슷하고, 관습적으로 적용되던 키치적 요소가 여전히 곳곳에 남아 있다. 하지만 자본의 힘은 언제나 이데올로기의 힘보다 강하다. 한국의 아파트 조경은 멸시와 편견에도 불구하고 더 좋아지고, 더 고급화될 것이다.

문제의 핵심은 조경의 결과물이 보여주는 외적 가치에 있지 않다. 그동안 한국 조경의 근본적인 실책은 아파트 조경에 내재한 상품성과 공공성의 모순을 왜곡하여 잘못된 이상향을 꿈꾸어왔다는 점이다. 이러한 문제의식을 질문으로 던져보면 다음과 같다. "자본주의 상품성의 힘을 인정하고 아파트 조경에서 지금까지 이루지 못한 새로운 수준의 디자인과 디테일을 만들어내 인정받으면 되는 것인가?"

아파트가 만들어낸 우리 삶의 풍경을 보자. 찬란하게 빛나는 욕망들이 더 높고 더 크고 더 비싼 공간을 차지하기 위해 경쟁하고 있다. 절반이 넘는 한국인은 저 욕망의 탑에서 살고 있으며, 저 탑에 들어가지 못한 나머지 절반도 저곳에 진입하고자 애를 쓴다. 저 탑은 삶의 장소이며, 새로운 신화의 상징이며, 평생 모은 재산이자 인생을 평가하는 지표다. 그래서 옆 동네 아이들이 새로 생긴 놀이터에 놀러 오면 모욕감을 주어 쫓아내며, 공공 보행로로 만든 길의 입구에는 주민만 이용할 수 있는 카드키를 설치한다. 같은 아파트 단지의 아이들도 평수에 따라 어울리고 임대에 사는 아이들을 따돌린다. 담장을 못 치게 하니 수목으로 경계를 치고 경비원을 순찰시켜 혹여라도 자격이 없는 이들이 들어올 때 최대한 불편하게 만든다. 자본주의 체제에 살아가는 이상 디자이너는 최고의 상품을 만들어야 한다. 최고의 상품이란 잘 팔리고 고객이 만족하는 상품이다. 조경이라고 다를 바 없다.

"이해합니다. 기부채납하는 어린이공원과 강남 한복판 고급 아파트 단지의 놀이터가 붙어 있는 것은 말이 안 되죠. 그래서 최대한 공공 놀이터는 기본적인 설계에 저렴한 재료만 썼습니다. 그리고 우리 단지는 세계 3대 디자이너로 뽑힌 분을 직접 섭외해 놀이터 디자인을 맡겼습니다. 재료도 친환경 소재에 최고급입니다. 어린이공원의 아이들이 함부로 못 들어오게 지형으로 최대한 막고 빽빽하게 나무로 가렸습니다. 최고의 조경으로 보답하겠습니다. 걱정하지 마십시오." 이것이 우리가 자

개포 래미안

본주의적 상품의 가능성을 극대화할 때 도달할 수 있는 잘못된 이상향
이다. 아파트 조경에 대한 한국 조경의 부정적 시선은 이처럼 공공성의
가치를 망각할 때 취할 수 있는 왜곡을 경계해왔는지도 모른다. 그러나
지금까지 한국 조경이 선택한 냉소라는 방식은 오히려 현실을 악화시켰
을 뿐이다. 엘리트라고 스스로 규정하는 작가주의 조경가와 교수가 모
여 아파트 조경을 경시하고 거리를 두는 사이, 아파트 조경으로 덩치를
키운 대형 조경설계 회사들은 엘리트들을 현실과 괴리되어 있고 정작
필요할 때만 손을 벌리는 위선자라고 비판한다. 냉소를 통한 저항도, 현
실과 타협한 복종도 대안이 될 수 없다.

아파트 조경의 가능성과 조경가의 역할

아파트 조경에 냉소로 일관해온 한국 조경은, 또는 현실에 타협하여 시
장 논리에 복종해온 한국 조경은 정작 아파트에 내재된 상품성과 공공
성의 모순에 대해 어떤 고민을 했는가.

지난 50년 동안 아파트라는 주거 유형은 우리의 정주 환경을 지배하
게 되었다. 이제는 문제의 중심에 뛰어들어 모순의 실타래를 풀어야 한
다. 물론 그 해답을 찾기는 쉽지 않다. 건축과 도시는 오래전부터 이 난
제에 직접 부딪혀왔다. 잘 팔리는 건축적 상품을 개발하는 한편, 단지
경계에 새로운 유형의 가로 환경을 제안하고 저층 고밀도 주거부터 중
정형 주거에 이르기까지 다양한 형태를 실험하면서 상품성과 공공성의
공존을 이루고자 노력했다. 그리고 실패했다. 임대주택 단지 주민들은
더 나은 주거로 옮기지 못하고 그곳에서 노후를 맞이했으며, 단지 내에
분양과 임대를 공존시키려는 사회 통합적 시도는 오히려 주민들의 차별

을 표면화했다. 공공성을 강조한 건축은 시장에서 계속 거부되었다. 수많은 실패에도 불구하고 다시 시도하고 그곳에서 또 다른 이상향을 발견하고자 했다. 물론 냉소로 돌아선 이들도 있고, 현실에 타협해버린 이들도 있다. 하지만 최소한 누군가는 실패할 것을 알면서도 그 문제의 중심에서 더 나은 정주 환경을 위해 또 다른 꿈을 꾸고 있다.

　같은 건설사가 만든 반포 아크로리버파크와 성수동 아크로포레스트는 우리나라에서 가장 비싼 아파트들이다. 두 아파트의 조경은 자본주의 아파트 조경의 어두운 면모와 공공성의 실현 가능성을 동시에 보여준다. 아크로리버파크는 한강과 맞닿은 최고의 입지를 차지하는 대신 아파트 내 시설을 공공에 개방하며 접근성을 보장한다는 약속을 했다. 그러나 공공으로부터 혜택은 받았으나 약속은 이행하지 않았다. 행정 당국이 강하게 압박하며 여론이 악화되자 마지못해 공공에 단지를 개방했지만 이미 이 단지에 공공성은 존재하지 않는다. 도심 방면의 아크로리버파크 입구에 서면 거대한 고층 건물의 장벽이 공공에게 들어올 여지를 주지 않는다. 반대로 한강 방면에서는 건물 배치와 조경 모두 넓은 풍경을 향해 활짝 열려 있다. 분야별 최고 전문가가 모여 공유의 가능성은 최소화하고 공공의 풍경을 사유화해 더 비싸고 고급스럽고 차별화된, 최고의 프리미엄 아파트 단지를 만들어내기 위해 역량을 집중한 것이다. 얼마나 아름다운 융합적 협력인가! 조경가는 억울할 수 있다. 이미 건축가가 건물 배치를 다 끝낸 상황에서, 기본 설계사와 특화 설계사가 다른 상황에서, 이미 모든 심의 절차가 끝난 상황에서, 설계 기간과 조합의 의지 등 조경가가 이미 개입하기 어려운 제약 속에서 어찌할 수 없었을 것이다. 이처럼 대부분의 경우 조경가는 어쩔 수 없는

반포 아크로리버파크

상황이다. 한나 아렌트는 다른 사람의 가치를 생각할 줄 모르는 생각의
무능은 말하기의 무능을 낳고 행동의 무능을 낳는다고 말한다. 어쩔 수
없다고 선언하는 데 그치는 것은 생각의 무능이며, 생각이 무능하기 때
문에 말을 할 수 없으며, 말을 못 하기 때문에 아무것도 못 하는 것이다.

아크로리버파크 논란을 겪어서인지, 아크로포레스트에서는 공공 공
간이 고급 주거와 거의 완벽하게 공존하고 있다. 사람들은 고급 주상복
합 아파트의 사유지를 자유롭게 거닐며 정원에 앉아 담소를 나누다 지
하철을 타러 간다. 사유지이지만 아무도 이곳을 사유지라 인식하지 못
한다. 그만큼 아크로포레스트의 아파트 조경 계획과 설계는 공공으로
열려 있다. 공공의 힘만으로는 제공하기 쉽지 않은 양질의 조경을 민간
이 만들어 공유하고 있다. 누군가는 이러한 결과물이 조경가의 성취인

지 물을 수도 있다. 지구단위계획부터 공공 보행로에 대한 설정이 뚜렷했고, 배타적 공간을 만드는 데 행정 당국이 제약을 가했으며, 나아가 시행 주체가 이러한 방향을 적극 수용할 만큼 열려 있었기 때문에 가능했다는 의견을 전개하면서 말이다. 타당한 지적이다. 조경가가 아크로포레스트와 같은 공공적 조경에 무엇을 기여했는가? 멋진 형태를 제안하고 아름다운 식재 설계를 도입하고 세련된 디테일을 적용한 것 외에 모두와 공유할 수 있는 새로운 조경의 가능성을 위해 누군가를 과연 얼마나 설득했을까? 그것은 도시계획의 일인가, 담당 공무원의 일인가, 건축가의 배치 역량인가, 아니면 건축주의 태도 문제인가? 조경가는 전문지에 멋진 사진을 실을 만한 작품을 만들면 그만인가? 아니다. 이 모든 이야기를 조경가가 직접 생각하고 이야기하고 행동으로 시작해야 한다.

반포 아크로리버파크

유토피아는 존재하지 않는 장소라는 뜻이다. 존재하지 않기 때문에 꿈꾸는 것에 의미가 있다. 유토피아의 가치는 완성에 있는 것이 아니라 유토피아를 만들어나가려는 과정에 있다. 한국 조경은 우리의 삶을 지배하는 아파트라는 공간과 문화, 그리고 거대한 삶의 양식이 만들어 놓은 부정적인 힘에 맞서 실패의 과정을 밟을 필요가 있다. 우리는 한국 조경이 그동안 외면해온 문제의 핵심으로 뛰어들어야 한다. 앞으로 닥쳐올 수많은 실패가 조경이라는 분야가 가진 정당성과 가치를 스스로 증명할 수 있는 유일한 길이기 때문이다.

1   발레리 줄레조, 『아파트 공화국: 프랑스 지리학자가 본 한국의 아파트』, 길혜연 역, 후마니타스, 2007.
2   박철수, 『박철수의 거주박물지』, 집, 2017.
3   1985년부터 2020년까지 게재된 1,802개의 논문을 주제별로 분석한 다음 연구에 따르면 아파트 조경에 관한 연구는 게재 편수의 성장률이 0%대로 정체되어 있다. 박재민·김용환·성종상·이상석, "토픽모델링과 연결망 분석을 활용한 국내 조경분야 연구 동향 분석", 『한국조경학회지』 49(2), 2021, pp.17~26.
4   홍태식, "조경산업은 어디쯤 있을까?", 『e-환경과조경』, 2021년 3월 14일자.
5   국토교통부, 『2020년도 주거실태조사: 통계보고서』, 2021.

도시와 건축 사이

김정은

도시 조직과 조경

건축물의 외부 공간은 도시와 건축 사이 경계를 이룬다. 사적인 공간에서 공적인 공간으로 전이해가는 영역이기도 하고, 개별 건축물에 복무하면서 도시 공간에 속하는 영역이기도 하다. 때로는 건축물 내부 역시 도시성이 확장될 수 있는 영역이다. 여기서 도시성은 공공성으로 바꾸어 부를 수도 있을 것이다.

한국에서 건축물과 조경의 관계는 1981년 건축법 시행령에 '대지 내의 조경' 조항이 만들어지면서 제도화되었다. 옥외 공간에 대한 법이 마련되었다는 것은 역으로 많은 도시 활동이 실내에서 이루어지며 야외 활동 공간이 줄어들었다는 점을 드러낸다. 최근 옥상정원이라는 이름으로 옥상 녹화가 권장되는 양상도 도시민이 접근하고 향유할 수 있는 땅 혹은 생태적 공간이 줄어들었음을 의미한다.

재개발, 재건축, 재생 등으로 변화가 끊임없이 덧입혀지는 대한민국의 도시에서 경관에 연속성을 잃지 않으려면 가로, 필지, 건물, 프로그램이 결합된 도시 조직의 변화에 대응하는 것이 중요하다. 제도가 만들어진 지 40여 년이 흘렀지만 건축물의 외부 공간은 여전히 허가를 받기 위해 비율을 맞추는 정도로 취급되거나 자투리 공간으로 여겨지는 경우가 많다. 이러한 상황에서 건축물의 외부 공간을 다루는 조경은 도시와 건축을 긴밀하게 연결하는 임무를 부여받게 된다. 이 글은 오래된 도시이지만 도시 조직의 변화와 건물 신축이 빈번한 대도시 서울의 맥락에 놓인 건축물과 그 외부 공간이 도시를 위해 어떠한 역할을 할 수 있는지, 그러한 역할을 위해 조경은 어떤 요소에 주목하는지 들여다보고자 한다.

연결하고 관통하는 도심 빌딩의 외부 공간, 아모레퍼시픽 신사옥

2017년 신축된 아모레퍼시픽 신사옥은 도시환경정비사업으로 인해 크게 변화하고 있는 신도심 용산의 국제빌딩 가까이에 위치한다. 건축가 데이비드 치퍼필드David Chipperfield는 40층 규모로 신축된 주변 건축물에 비해 23층 규모로 낮지만 단순한 볼륨을 만드는 데 집중했으며, 공중정원을 담은 세 개의 대형 개구부를 통해 건축물을 외부 환경과 연결하고자 했다. 정육면체 형태의 건물에는 정면이 두드러지지 않는다. 한강대로에 면한 입구가 주 출입구로 보이지만 지상층이 회랑으로 둘러싸여 있어 사방에서 진입 가능하다. 건축가는 "추후에 용산공원이 완성되면 신사옥의 입구가 도시에서 공원으로 이어지는 입구 역할을 할 것이고 공원의 역할을 더욱 확장할 것"[1]이라며 도시와 오픈스페이스의 연결을 강조했다.

건물 내부에 들어서면 1층부터 3층까지 뚫린 대형 아트리움을 만날 수 있다. 누구나 방문할 수 있는 공익적 공간이라는 기업 측의 설명에도 불구하고, 주추 위에서 오롯이 빛나는 완결된 형태의 건축물은 안과 밖의 영역을 분명하게 나누고 있다. 투명한 유리벽이 곧바로 '연결'이나 '환대'를 의미하지는 않는다. 이 사옥에 볼일이 있어 온 사람이 아니라면 사고석으로 불규칙하게 포장된 바깥의 보행 공간까지가 머뭇거리지 않고 다가갈 수 있는 경계다. 다만 모퉁이에 마련된 건물의 외부 공간은 민간 건물의 사적 공간처럼 보이는 여느 공개공지와 달리 지하철 출입구를 포함해 하나의 공원으로 계획되었다. 부드럽게 다듬어진 공원의 지형은 건물과 공공 공간을 자연스럽게 연결하는데, 향후 용산공원과 마주 볼 남동쪽 입면으로 가면 계단이 사라지고 공원과 출입구의 레벨이 같아진다.

지하철 출입구를 포함해 하나의 공원으로 계획된 아모레퍼시픽 본사 신사옥 모퉁이

아모레퍼시픽 본사 신사옥 구조

　이 공원은 건축가 미스 반 데어 로에Ludwig Mies van der Rohe가 설계
한 뉴욕 시그램 빌딩 앞 광장을 떠올리게 한다. 대로에서 약 27m 물러
서 있는 38층 규모의 시그램 빌딩 전면에는 별다른 장식 없이 분수가 놓
인 계단식 수 공간이 양쪽으로 배치되어 있다. 건축역사가 필리스 램버
트Phyllis Lambert는 시그램 빌딩이 "날씨 좋은 점심시간마다 다소 개방
된 공간에 굶주린 뉴욕 시민들로 북적이는 작고 쾌적한 오픈스페이스를
도시에 제공했다"라는 문화비평가 러셀 라인즈Russell Lynes의 말을 빌려
이 광장의 도시적 가치를 설명한다.[2] 아모레퍼시픽 신사옥은 미술관, 도

서관, 카페 등 공공성을 띤 프로그램을 포함하긴 하지만, 이와 무관하게 지상의 외부 공간은 고층 빌딩이 즐비한 업무지구로 재편 중인 용산의 숨통을 틔우는 광장이자 공원이다. 블록을 관통하는 보행로와 외부 공간을 통합하는 제스처만으로도 향후 개방될 거대한 녹지인 용산공원을 암시할 수 있다.

신사옥의 조경을 맡은 박승진(디자인스튜디오 loci)은 "건축선이 지닌 엄격한 질서에 반해 조경 공간에 설정된 조형은 충분히 부드러운 유선형의 패턴을 반복"시켰으며, "유선형 녹지 위에 심은 수목은 도시적 스케일과 어울려야" 했으므로 "가급적 키가 크고 정연한 수형을 가지는 …… 높이 10m 내외의 백합나무 약 100주를 식재했다."[3] 건축의 정연함과 무게감을 곡선으로 완화하면서도 건물의 스케일에 조응하는 식재 전략이다.

아모레퍼시픽 신사옥 건축의 큰 특징, 즉 세 개의 대형 개구부에 조성된 공중-옥상정원에서도 마찬가지로 유선형 지형과 교목의 조합이 공간의 틀을 이룬다. 이 옥상정원은 도시의 풍경뿐 아니라 남산과 하늘을 담는 액자 역할을 한다. 건물 바깥에서도 유사한 경험을 할 수 있다. 건물 남동쪽에 위치한 소공원인 한마음공원에 서면 5층 높이의 옥상정원 너머로 도시 풍경을 볼 수 있다. 옥상정원에 식재된 단풍나무 뒤로 아모레퍼시픽 신사옥의 벽이 자리하고, 벽 너머 한강대로 방향으로 뚫린 개구부를 통해 주상복합 아파트와 틈 사이 하늘까지 도시의 풍경이 겹겹이 펼쳐진다. 이 개구부는 각 변의 길이가 100m에 달하는 거대한 볼륨을 분절하면서 도시를 바라보는 틈으로 기능한다. 정원에 식재된 단풍나무 잎의 변화를 보며 지상에서 느낄 법한 계절의 흐름을 건물 안

팎에서 함께 감지할 수도 있다. 세 곳의 옥상정원은 현재 대중에게 열려 있지 않지만, 공원에서 업무지구로 도시 조직이 급격히 달라지는 경계에서 스케일 변화를 완화하고 깊이감을 부여함으로써 도시에 기여한다.

오래된 동네의 사유지-공공 정원, 브릭웰

서울 통의동 35번지 일대는 조선의 한양과 일제 식민지기의 한성, 동시대 서울의 도시 조직이 중첩된 곳이다. 조선 말기에는 영조의 잠저인 창의궁 터였으며 일제 식민지기에는 동양척식주식회사의 사택지로 활용되다 광복 이후 여러 소유주에게 매각돼 소규모 필지로 나뉘면서 지금의 좁은 골목길이 형성되었다. 현재는 다양한 갤러리와 상업 공간이 어우러진 지역이다.

브릭웰 정원의 높고 낮은 수목이 공간의 깊이감을 만든다.

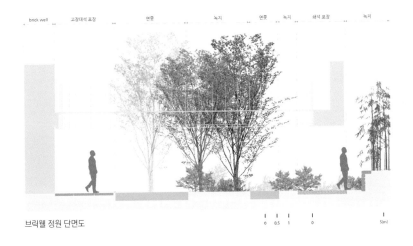

brick well　　　고장대석 포장　　　　연못　　　　　녹지　　　연못　녹지　　쇄석 포장　　　녹지

0　0.5　1　　　0　　　　　　5(m)

브릭웰 정원 단면도

　　2020년 완공된 브릭웰 대지의 가장 큰 특징은 서쪽에 인접한 백송
터의 존재다. 200년 가까이 자리를 지키던 통의동 백송은 1990년 태풍
으로 고사하기 전까지 우리나라 백송 중 가장 크고 수형이 아름다워 천
연기념물로도 지정되었다. 현재는 백송 그루터기와 새로 심은 백송 세
그루가 있는데, 터의 존재는 그 자체로 이미 이곳을 예외적인 장소로 만
들어낸다. 터를 둘러싼 2~3층 주택들은 카페나 음식점으로 개조된 건
물이 여럿인데, 계단과 테라스를 예외 없이 백송 터로 내밀어 작은 쉼터
를 만들고 있다.

　　브릭웰의 건축주는 대지가 백송 터와 연결되어야 한다는 강한 의지
를 가지고 있었다. 건축을 맡은 이치훈과 강예린(건축사사무소 SoA)은 백송
터에서 자연스럽게 이어지는 정원을 계획하고 그 위로 건물 전체를 관
통하는 중정을 두었다. 조경을 맡은 박승진은 "녹색의 밀도를 높이고 물
을 적극적으로 사용하기, 건물 양측의 좁은 골목길을 연결할 수 있는 통

로를 확보하기, 건축의 주 재료가 정교한 스케일의 세라믹—벽돌—이므로 조경의 재료는 상대적으로 거칠 것, 식물은 정연한 형태가 아니고 좀 자유분방하게 흐트러지는 분위기, 식물은 비를 맞을 수 있고 빛이 들어오는 원형으로 개방된 공간에 집중하기"[4]라는 조경의 기본 방향을 정했다.

브릭웰의 1층은 필로티. 건물 양측의 좁은 골목길을 잇는 통로로서 공간을 물리적으로 연결할 뿐 아니라 백송 터와 기존의 작은 쉼터까지 시각을 확장하며 하나의 정원을 형성한다. 구현되지는 않았지만 건축가는 백송 터까지 바다 포장재를 연장해 설치하고자 노력했다고 한다. 만약 구현됐다면 하나의 공간으로 보다 뚜렷하게 읽혔겠으나, 우리에게 익숙한 재질의 백송 터 보도블록은 조경가가 의도한 자연스럽고 흔한 식재와 자유분방하게 흐트러지는 분위기에 힘입어 별다른 이물감 없이 브릭웰 정원으로 이어진다.

이치훈은 "아무것도 없을 때와 실제로 식재를 심기 시작했을 때의 느낌 변화가 놀라웠다. 필로티 하부의 한쪽 도로에서 백송 쪽 도로를 볼 때 공간의 깊이감이 식재를 통해 생겨나고 있었다. 필로티 앞에 사람 가슴 높이의 식재를 심고, 그 뒤에 좀 낮은 식재를 심고, 그 뒤에 교목을 심고, 이러면서 이쪽 공간과 저쪽 공간, 그리고 저쪽 백송 터까지 레이어링되는 공간에 깊이감이 나타나는 과정을 눈으로 확인하면서 감탄"했다며 정원의 공간감을 묘사한다.[5]

브릭웰의 우물, 즉 중정과 만나는 교목은 이 정원을 수직으로 상승시키며 건너편 백송과 조응해 작은 숲 같은 공간감을 만든다. 여기서 수 공간이 발휘하는 효과는 미시 생태계의 회복이라고 볼 수 있으며, 소박하지만 도시에서 예상하기 힘든 숲속 연못과 같은 고요함을 제공하기도

백송터와 마주하고 있는 브릭웰 정원

한다.

　이렇게 만들어진 브릭웰 정원은 지역 주민, 우연히 지나가는 행인, 브릭웰의 방문객 모두가 손쉽게 관심을 드러낼 물과 나무가 있는 열린 정원이라는 점에 그 고유한 성취가 있다. 박승진은 "사람들은 생활 주변에서 쉽게 마주하는 녹색의 공간에 어떤 목마름이 있었는지 모르겠다. 큰맘을 먹고 올라야 하는 높은 산이 아닌, 차를 타고 이동해야 하는 대형 공원이 아닌, 그런 공간 말이다. 공공의 취향은 대단히 고급스럽거나 화려하지 않다. 시원한 그늘을 만들어주는 나무 몇 그루, 철마다 번갈아 꽃을 피우는 꽃나무와 작은 풀들이면 족하다. 여기에 더해 나비를 보고 새소리를 들을 수 있다면 고마운 일"이라며, 개인이 만든 공공 정원에 대한 실험이라고 브릭웰 정원을 평한다.[6]

이상헌에 따르면 "유럽 도시의 외부 공간은 연속된 건물이 둘러싸는 길과 광장으로 구성"되는 반면, "조선시대 한성에는 명확한 형태를 갖는 도시 외부 공간이 발달하지 않았"고 "담장으로 둘러싸인 집 안에 외부 공간이 발달했다." 즉 서울의 도시 외부 공간은 필지와 건물들 사이에 남겨진 여백에 불과했고, 이러한 관습이 '용적률'이나 '대지 안의 공지' 등의 제도로 현재까지 이어진다는 것이다. 그 결과, 길과 필지로 짜인 서울 도시 구조의 많은 자투리 공간은 도시 공간으로 활용하기는 어렵고, 보행자들이 머물고 쉴 수 있는 장소는 부족하다.[7]

혼잡한 대로변이 아닌 작은 도시 조직, 즉 블록 내부의 낮은 건물이나 좁은 골목길이 남아 있는 동네를 걷는 경험은 점점 더 귀한 일이 되고 있다. 게다가 인프라가 부족한 오래된 동네에 새로 건물이 세워지면 담장이 없더라도 필로티 아래는 대부분 자동차의 몫이다. 오래된 동네에서 정원은 주차장과 경쟁해야 하는지도 모른다. 이러한 현실에서 골목을 물리적·시각적으로 연결하고 사유지를 공공 녹지와 결합한 브릭웰 정원의 실험은 더욱 의미 있게 다가온다.

1 데이비드 치퍼필드, "고요함을 간직한 건물", 『SPACE』 609, 2018, p.65.
2 Phyllis Lambert, "Seagram: Union of Building and Landscape", *Places*, April 2013.
3 박승진, "아모레퍼시픽 본사 신사옥", 『환경과조경』 364, 2018, pp.17~19.
4 박승진, "브릭웰 정원", 『환경과조경』 388, 2020, p.22.
5 강예린, 이치훈 인터뷰, "닫힌 공간, 열린 공간", 『다큐멘팁』 7, 2020, p.31.
6 박승진, 앞의 글, p.27.
7 이상헌, 『서울 어바니즘: 서울 도시형태의 회고적 읽기(가제)』, 공간서가, 2022, 발간 예정.

맥락을 읽고 짓는 조경

김연금

세 프로젝트와 남산

"세운상가~남산 '구름다리' 타고 산책 가능해져"

「중앙일보」, 2017년 6월 2일

"서울로7017을 거쳐 남산으로 바로 가는 새 길이 열렸다"

「서울경제」, 2020년 3월 12일

"'남산에서 한강까지' 용산공원 녹지축, 단절 없이 이어진다"

「뉴시스」, 2020년 7월 21일

세운상가, 서울로7017, 용산공원, 세 프로젝트는 성격과 내용, 진행 절
차가 모두 다르지만 남산과의 관계를 중시한다는 점에서 같다. 세운상
가에는 근래에 공중보행로가 설치되었으며 전면 철거 후 재개발을 통한
대규모 녹지축 조성이 다시 논의되고 있다. 서울로7017에는 도시 조직
을 통과해 남산으로 향하는 공중보행로가 추가로 조성되었다. 용산공원
프로젝트에서는 남산과 한강을 잇는 매개 공간의 중요성이 부각되고 있

다. 세 가지 사례에서 모두 국제 설계공모가 진행되었으며, 도시와의 관계 그리고 남산과의 연결성을 적극적으로 모색한 작품이 당선되었다.

세운상가는 처음 지어질 때부터 남산과의 연결에 주목한 건축물이다. 1960년대 세운상가를 설계한 건축가 김수근은 종묘부터 남산까지 걸을 수 있도록 세운·청계·대림·삼풍·풍전·신성·진양 상가 양쪽에 3층 높이 공중보행로를 두려 했다. 하지만 이러한 구상은 일부 구간을 짓지 못하면서 제대로 실현되지 못했다. 오세훈 시장은 첫 번째 임기 (2006~2011년)에 세운상가 선물을 철거한 뒤 종묘와 남산을 연결하는 긴 녹지 공간을 만들고 종로에서 충무로까지 1km에 이르는 주변 지역을 재개발한다는 '세운재정비촉진계획'을 수립했다.

세운재정비촉진지구 조감도, 2010

이_스케이프 건축사사무소, '현대적 토속', 세운상가 활성화를 위한 공공공간 설계 국제공모 당선작, 2015

그러나 사업이 지체되는 상황에서 서울시장이 바뀌고 도시에 대한 사회적 화두가 개발에서 재생으로 옮겨갔다. 세운상가 정비 또한 재생으로 가닥을 잡게 되었고 두 단계로 구간을 나누어 국제설계공모가 진행되었다. 2015년 1단계 공모의 대상은 종로~세운상가~청계·대림상가 구간이었고, 2017년 2단계는 삼풍상가~남산순환로 구간이 대상이었다. 1단계 당선작인 '현대적 토속Modern Vernacular'은 세운상가 이전의 실핏줄 같던 골목길과 길 따라 생긴 집의 형태, 삶의 방식을 '토속'이라 가리키며 세운상가로 인해 끊어진 도시 조직을 뜨개질하듯 연결하고자 했다. 재개발 구상을 이루지 못한 오세훈은 다시 시장이 된 뒤 "세운지구를 보면 피를 토하고 싶은 심정"이라 의견을 표했으며,[1] 보행교를 없애고 녹지를 만드는 방식으로 재개발 구상을 실현하려는 의지를 드러내고 있다. 이렇듯 세운상가는 재생(보행)과 재개발(녹지)의 논리가 첨예하게 대립하는 대상이지만 어느 쪽이든 남산과의 연결을 앞세운다는 점은 같다.

서울역 고가도로를 철거하지 않고 보행로–공원으로 재생하기 위해 2015년 진행된 '서울역7017 프로젝트 국제현상설계공모'에서는 네덜란드 설계사무소 MVRDV의 '서울수목원The Seoul Arboretum'이 당선작으로 선정되었다. 당선작은 자연을 매개로 콘크리트 구조물을 생명의 장소로 전환한다는 점, 서울역 일대를 단계적으로 녹색 공간화하는 확장성을 제시한 점, 다양한 주체가 함께 만들어 가는 프로세스를 중시한다는 점이 높게 평가되었으며, 무엇보다도 고가도로를 주변의 여러 장소와 유기적으로 연계해 접근성을 높인다는 점이 좋은 평가를 받았다. 당선작이 제안한 연결 통로는 개장 당시에는 모두 구현되지 못했지만 이후 점진적으로 실현되고 있다. 서울로7017은 2017년 호텔 마누와 대우재단빌딩에 이어 2020년 메트로타워와 연결되었다. 현재 서울스퀘어와 연세대학교 세브란스빌딩 관계자와도 연결통로 설치를 위한 협의가 진행되는 중이라고 알려져 있다. 이러한 연결은 궁극적으로 남산을 향한다.

2012년 진행된 용산공원 설계공모에서는 지명 초청된 여덟 팀의 작품 중 West8+이로재의 '미래를 지향하는 치유의 공원Healing: The Future Park'이 당선작으로 선정되었다. 심사위원장을 맡은 크리스토프 지로Christophe Girot는 당선작에 대해 "남산에서 한강으로 이어지는 남북의 축을 재구축했다"라며 "전통적인 자연관을 존중하면서도 주변 도시 맥락과의 연계성이 뛰어나다"는 평가를 했다. 용산기지의 활용 방안

Winy Maas(MVRDV), '서울수목원', 서울역7017 프로젝트 국제현상설계공모 당선작 조감도, 2015

이 임대주택 등 주거단지, 상업 복합시설, 문화시설 클러스터, 서울시청 이전지 등으로 다양하게 논의되다 공원으로 확정되며 "남산과 용산을 다시 잇는 녹색 척추가 지상 명령"[2]처럼 여겨졌기에 남산과의 연계는 모든 작품에서 고려되었다. 그중에서도 당선안은 CA조경+와이스 맨프레디Weiss/Manfredi의 제출안과 함께 "한국의 상식적이고 보편적인 자연의 아이콘인 산 또는 산맥"[3]을 상징적이고 직설적으로 도입해 용산공원과 남산의 지형적 연결을 강조했다.

남산과의 연결이 아무런 저항 없이, 질문 없이 받아들여지는 이유는 무엇일까. 남산의 존재는 조선시대 도읍을 정하는 데 결정적 역할을 했고 현재는 서울의 거대한 녹지다. 이러한 남산과의 연결은 역사성의 회복, 자연과의 연결, 여가 공간의 증가, 걷기의 활성화 등 다양한 긍정적 상상을 불러일으킨다. 여기에 부정적 상상이 끼어들 틈은 없다. 남산과의 연결은 절대적 가치처럼 이야기된다. 그러나 돌이켜보면 남산의 의미는 절대적이라기보다 사회적으로 구성되었다.

효율과 속도가 우선 가치로 자리 잡아가던 1965년 수립된 『서울 도시계획』 중 '남산 및 그 부근의 산지 지대 계획' 항목을 보면, 대도시 중앙에 큰 산이 있는 것은 진귀한 일이라며 남산을 "근대 대도시의 교통상 또는 경제상의 발전을 조해함이 크다 할지라도 그 풍치상은 물론 보건상 또는 방재상의 중요한 역할을 할 수 있는 존재"로 평한다. 도시의 자원으로 봐야 할지 도시 확장의 걸림돌로 봐야 할지 입장이 명확하게 정리되지 않았음을 엿볼 수 있다. 그러다 1991년 '남산 제모습 찾기', 2009년 '남산르네상스' 등의 계획을 거치며 남산은 역사적 상징 가치를 회복하고 생태 자원으로서의 가치도 확보했다. 서영애는 산, 공원, 한양도성이라는 세 측면에서 남산의 의미가 축적되는 과정을 추적했다.[4] 산에 대한 한국인의 전통적 관점은 근대화를 거치며 해체되었으나 심상적, 경관적 상징 가치는 지속하였고, 입지 여건으로 인해 남산은 자연스럽게 근대 공원으로 변모되었다. 또한 한양도성은 1970년대 안보 의식과 민족 자긍심을 고취하기 위해 문화재로서 복원·정비되었으며 최근에는 보전·관리의 대상인 유산으로 다루어지며 남산의 역사적 가치를 두껍게 하고 있다.

필연이 아닌 명분으로서 남산과의 연결

남산의 의미 자체가 시대에 따라 변화를 겪은 사회적 구성물인만큼, 남산과의 연결이라는 과제에도 물음표를 달아 볼 수 있다. 실제로 남산과의 연결도 때에 따라 다르게 이야기되었다. 세운상가에서 남산으로의 연결 방식은 정치 상황에 따라 보행의 강조와 녹지의 강조를 오가고 있다. 서울역 고가도로도 한때는 남산과의 관계성 때문에 철거해야 한다는 시각이 있었다. 2009년 '남산르네상스' 계획의 경관 부문에는 서울의 대표 경관 자원인 남산으로의 통경축 확보를 위해 서울역 고가를 철거해야 한다는 내용이 포함되어 있다. 용산공원 조성 이후를 보여주는 많은 조감도에 남산과 용산공원이 녹지로 연결된 것처럼 표현되지만, 그 사이에 있는 후암동과 해방촌 일대의 주거지로 인해 그 직접적 연결에는 실질적 어려움이 있다.

그때그때 다른 모습을 취하지만 남산과의 연결은 의사결정의 주요 주체인 정치인과 설계가 모두에게 매력적이다. 정치인에게 남산은 개발과 건설에 대한 시민의 반발을 누그러뜨리는 명분으로 쓸모가 있다. "이 사업은 개발이 아니라 궁극적으로 역사성을 재현하고 생태 도시라는 미래 가치를 현실화하는 사업"이라고 내세우는 근거가 될 수 있다. 과거의 영광을 재현하고 미래 가치를 실현하겠다는 선언에 반기를 들기란 어렵고, 이는 마치 해결해야 할 과제처럼 받아들여진다. 나아가 서영애 진단처럼 남산은 서울과 동일시되는 인식이 있으므로 남산과의 관계성을 논하는 것은 곧 서울의 변화를 논하는 것으로 확대하여 해석되기도 한다.[5] 즉 남산과의 연결을 통해 얻을 수 있는 자연, 생태, 역사, 건강, 여유, 문화와 같은 상상적 가치는 궁극적으로 서울의 변화를 알리는 신호탄으로 받아들여진다.

그렇다면 세 프로젝트에서 남산과의 연결의 이면을 볼 필요가 있다. 세운상가에서 남산과의 연결을 구현하는 상반된 전략은 보행로와 녹지라는 차이가 보일 뿐 유사한 순기능을 발휘한다고 포장될 수 있지만, 전자(박원순 식 연결)는 중소규모 개발 계획을, 후자(오세훈 식 연결)는 대규모 전면 개발 계획을 전제로 한다는 점에서 완전히 다르다. 서울로7017의 경우, 파편화된 도시공간을 재조직하고 남산의 영향권을 확장한다는 비전이 절차적 민주성 부족에 대한 비판을 무마하는 데 쓰이기도 했다.⁶ 용산공원과 남산의 연결은 용산 미군 기지의 여러 활용 방안을 거부하고 공원을 조성하는 것에 대한 하나의 명분이 된다.

설계가는 이러한 정치적 의노에 의식적으로든 무의식적으로든 반응한다. 때로는 적극적으로 동조하기도 한다. 특히 이 글에서 언급하는 사례와 같은 대형 프로젝트에서 정치적 의도는 결코 무시할 수 없는 조건이다. 서울로7017의 당선자인 MVRDV의 담당 설계자 이교석은 차량 중심 도시에서 보행 중심 도시로의 전환이라는 비전을 분명히 지지하며 ⁷ 정치 이슈와 뗄 수 없는 행정 당국의 의지를 적극 수용한다. 용산공원 설계공모 당선작은 용산공원을 매개로 엮어낼 도시의 이미지로 패널을 채우며 승부수를 걸었다.

물론 정치적 의도가 전부는 아니다. 설계가는 자신만의 셈법을 가지고 남산과의 관계를 말하며 이를 통해 작품의 설득력을 드러낸다. 조경과 건축처럼 땅을 다루는 디자인은 공간적, 시간적 맥락을 따지는 것부터 작업을 시작한다. 설계가는 대상지의 주변 맥락을 읽고 땅에 새겨진 이력을 찾아내 자신의 작품을 설명하며 심사위원과 대중을 설득할 만한 설계 언어를 만든다. 대상지에 대한 깊은 이해가 좋은 작품의 충분조건은 아니지만 필요조건은 된다. 반드시 성취해야 한다기보다, 성취해내면 성공할 가능성이 크다. 현대 조경이 솔깃 없는seamless 디자인을 중시

231

하는 풍경화식 정원에 기원을 두기 때문인지, 조경 공간이 수직성보다 수평성을 강조하기 때문인지, 시간에 따라 변화하는 식물을 주요 소재로 삼아서인지, 땅의 정보를 중시하는 이안 맥하그Ian Mcharg 식 계획 방법의 영향인지, 혹은 이 모든 것 때문인지, 조경가는 더 절실하게 공간적, 시간적 맥락을 찾는다.

맥락이라는 설계 언어

세 프로젝트는 남산에 대한 직접적 연결에 주목하지만, 맥락은 은유적으로 나타나거나 상징화되기도 한다. 대상지와 직접 관련이 없는 전통이라는 주제가 대상지에 적용되거나, 대상지에서 바로 보이지 않는 주변의 산이나 하천이 상징으로 설정되기도 하는 것이다. 설계자 본인이 아니면 관련성을 즉각 떠올리기 어려울 만큼 불명확한 맥락 읽기와 관계 제안은 부족한 설계 어휘의 반영이기도 하지만, 땅이 지닌 이력을 말갛게 지워내는 개발 시대에 저항해 뭔가 근본과 근거를 갖춘 설계임을 강조하려는 절실함의 표현이기도 하다.

그러나 맥락을 얕게 활용하지 않고 고유한 시선으로 깊게 읽어내 참신하게 구현하는 설계에도 위험이 도사린다. 설계자가 발신한 메시지가 수신자에게 제대로 도달하지 않거나 수신자의 시각과 어긋날 수 있다. 삽시간에 작품을 파악해야 하는 심사위원이나 자기 경험 속에서 단편적으로 작품을 이해하는 대중에게 설계 의도가 직관적으로 전달되기 어려울 수 있다. 특히 외국인 심사위원이 참여하는 국제 설계공모에서는 대상지에 얽히고 쌓인 깊고 복잡한 의미와 정서가 제대로 전달되기 어렵다.[8] 다양한 해석의 여지가 있는 맥락을 내세우면 이견의 폭이 넓어 논쟁의 소지가 있다. 어느 건축가는 심사위원의 관점에서 대상지를 보기 위해 설계공모를 준비하며 대상지를 답사하지 않는다는 쓴 고백을 하기도 했다.

그에 비해 세 프로젝트처럼 직접적 연결을 강조하는 맥락 활용은 해석의 여지가 크지 않아 비교적 안전하다. 용산공원 설계공모 당선안은 이를 영리하게 활용했다고 할 수 있다. 패널에 제시된 이미지는 용산공원 내에서 구현하려는 장소성을 보여주기보다 서울이라는 도시와의 관계를 보여주는 데 심혈을 기울였다.[9] 또한 남산과의 연결은 전문가적 가치 판단과 이해가 없더라도 대중에게 쉽게 전달되므로 신문 기사의 헤드라인으로 곧잘 활용된다.

맥락의 연결에 무게중심을 두고 설계의 명분을 세우는 접근은 안일하다는 비판을 받기도 한다. 용산공원 당선안에 대한 비판이 제기했듯 대상지의 내적 장소성이 부수적으로 다루어질 수 있다. 또한 대상지 자체보다 외부와의 관계를 강조하는 접근은 작품을 주변화시켜 작품에 담긴 다른 새로운 시도를 흐릿하게 할 수도 있다. 일례로 서울로7017을 보행의 경로이자 목적지로 설정하기 위해 제시된 '식물원'이라는 개념은 상대적으로 조명을 받지 못하고 홍보의 주안점은 '연결망'에 찍혔다. 당선작이 제안한 '서울수목원'이라는 이름은 받아들여지지 않았고 마침내 '서울로7017'이라는 이름이 채택되었다.[10]

우리는 설계공모와 새로운 작품을 통해 "시대적 고민과 가치를 반영하고 미래의 새로운 패러다임이 제시"[11]되길 바란다. 맥락context의 연결에 머물지 않고 고유한 텍스트text를 지어 새로운 공간적, 시간적 맥락을 만들어내길 바란다. 이러한 성취를 지향하는 작품은 물론 많은 위험

부담을 감내해야 한다. 앞에서 언급했듯 정치적 상황이나 대중과의 소통도 쉽지 않고, 고유한 성취를 추구하다 새로운 맥락의 기점이 아니라 고립된 섬이 될 수도 있다. 힘들게 존재 가치를 모색했던 동대문디자인플라자가 하나의 반면교사라 할 수 있다.[12] 설계자가 몸을 사리게 되는 건 당연하다. 그래도 바라는 마음을 버릴 수는 없다.

　도시는 계속해서 덧쓰이고 사회는 복잡해지면서 맥락 역시 다양화, 중층화되고 있다. 남산과 한강 같은 거대한 맥락에 기대기가 어려워지고 있다. 이러한 상황은 고유한 시선의 '맥락 읽기'와 관성에서 벗어난 '관계 짓기', 더 나아가 '관계 열기'를 요청한다. 다행히 그동안 공공 공간 디자인에 대한 시행착오를 겪으며 디자인에 대한 사회적 포용성이 넓어졌다. 또 희망적인 것은 조경 공간은 낡지 않는다는 점이다. 이 글에서 다룬 세 프로젝트에서 시대의 아이콘이던 세운상가와 서울역 고가는 도시 변화의 맥락을 따라잡지 못하고 노후하여 새롭게 정비되었으며 용산기지 또한 탈바꿈을 앞두고 있다. 반면 과거의 시대상을 배경으로 도입되는 조경 공간은 미래의 시대상을 제시하고 주변 지역과 대상지의 관계를 재정립하는 수단으로 널리 쓰이고 있다. 조경은 맥락을 받아들일 뿐 아니라 만들거나 바꾸기도 한다. 그러니 조경은 보다 적극적으로 '맥락 짓기'를 상상해도 될 것이다.

1 「경향신문」, 2021년 12월 23일.
2 배정한, "용산공원, 그 귀환의 담론과 디자인", 『용산공원』, 배정한 편, 나무도시, 2013, p.15.
3 위의 글, p.26.
4 서영애, 『역사도시경관으로서 서울 남산』, 서울대학교 대학원 박사학위논문, 2013.
5 김정은, "[서울로 7017을 묻다] 들린 것이 아니라 다른 것이다: 비니 마스와의 인터뷰", 『환경과조경』 351, 2017, pp.42~43.
6 서영애, 앞의 논문.
7 이교석, "행복하게 걷는 서울을 위하여", 『환경과조경』 351, 2017, pp.30~41.
8 최정민, "용산공원 설계 국제공모를 빌미로 본 한국 조경", 『용산공원』, 배정한 편, 나무도시, 2013, pp.236~259.
9 위의 글 ; 김영민, "그들은 왜 산수화를 그렸을까", 『용산공원』, pp.82~105.
10 서예례, "수목원과 보행로의 공간적 픽처레스크", 『환경과조경』 351, 2017, pp.54~57.
11 최정민, 앞의 글, p.236.

사회적 예술로서의 조경, 공공성에서 사회성으로

김한배

공허한 공공 공원

근대 이후 조경은 18세기 낭만주의로부터 출발하여 20세기의 추상적 모더니즘의 열풍을 거친 후 21세기 혼성화 시대를 맞고 있다. 하지만, 다른 예술들과 달리 근대에서 현대로 넘어가는 계기가 되었던 리얼리즘을 주체적으로 제기하고 경험하지는 않았다. 나는 이러한 점이 조경 양식의 역사에서 현실 인식의 허약함을 보여주는 부끄러운 지적 공백이라고 생각한다. 혹시 19세기 말의 공원 운동 자체가 사실상 도시 리얼리즘의 실천이었다고 주장하며 이러한 자괴감을 상쇄할 수 있을까. 사상적으로는 혁신적이었을지 모르지만 양식적으로는 그렇지 못했다는 것이 중론이다.

잘 아는 바와 같이 공원公園은 공공과 정원의 결합어다. 여기서 공공 public은 사유private에 대비됨으로써 근대 민주주의와 함께 성장한 대표적 가치이기는 하지만 공원 경관의 예술적 창조에 있어서는 일면 본

질적 한계를 드러낸 것이 사실이다. 즉, 공공의 개념이 갖는 수평성과 개방성이라는 긍정적 가치 외에 추상적, 중성적인 이면의 한계가 창조적 문화로서 조경의 가능성을 제한한 측면이 있다는 것이다. 이러한 모더니즘 도시계획과 환경계획의 추상적 허구성을 정면에서 비판한 대표적 인물로 제인 제이콥스Jane Jacobs를 들 수 있다. 제이콥스를 기점으로 도시의 리얼리즘은 모더니즘을 극복하기 위한 대안으로 불붙어 나가기 시작했다. 윌리엄 화이트William H. Whyte를 비롯한 여러 사람의 소공원 운동도 대표적 성과 중 하나다.

21세기 포스트모던 문화에서 시민은 공허한 공공성보다는 구체적 체험과 의미의 발견을 원한다. 말하자면 공원보다는 장소로서의 장원場園(필자의 조어)을 원한다. 요즘 많은 사람이 중성적인 공원보다도 독특하고 다양한, 사람의 체취가 느껴지는 정원의 매력에 더 열광하는 이유가 여기에 있다고 본다. 공공의 공원을 보완해 사람들을 반영하고 교류시키는 사회적 공원과 조경에 대한 사유가 필요한 이유다.

조경, 사회적 예술

조경을 사회적 예술로 시도한 선구자 중의 한 사람으로 독일의 예술가 요제프 보이스Joseph Beuys를 꼽을 수 있다. 백남준과 함께 플럭서스의 일원으로 활동한 보이스는 "모든 사람은 예술가"라고 주장하면서 그러한 기본 이념을 반영한 예술 방식을 '사회적 조각'이라 불렀다. 그는 시민 참여를 주축으로 하는 교육과 정치와 예술의 혼합 양식을 이 범주에 포함시켰다. 그의 대표 작업이자 마지막 작품으로 유명한 '7천 그루의 떡갈나무'는 사회적 조각의 선례이자 과감한 '사회적 조경'이라고도 평가할 수 있다.

1981년 가을, 보이스는 이듬해 열릴 제7회 '카셀 도큐멘타Kassel documenta'에 참여할 작품을 구상했다. "나는 7천 그루의 떡갈나무를 심고 그 옆에 각각 한 개의 돌을 세우고자 한다. 지금이야말로 노동과 기계, 산업화와 자본주의 폭력적인 황폐화 과정을 벗어나 올바른 재생의 과정, 다시 말해 자연뿐 아니라 사회생태학적 관점에서 생명을 부여하는 소생의 과정인 '사회적 유기체'를 완성할 때다." 1982년, 도큐멘타의 본관인 프리데리치아눔 앞에는 6월 중순까지 모두 7천 개의 현무암이 운반되었고 개막일에는 거대한 쐐기 모양의 삼각형 형태로 집적되었다. 물론 이 돌산의 한쪽 모서리 정점에는 보이스가 심었던 첫 번째 나무와 현무암이 서 있었다. 돌산은 마치 한 점의 거대한 조각 작품처럼 보였다. 나무를 한 그루 심을 때마다 현무암 비석도 그 옆으로 옮겨졌으니, 돌무더기가 줄어들수록 도시 곳곳에 나무가 늘어났다. 마지막 7천 그루째 나무는 1987년 제8회 도큐멘타의 개막과 함께 심겼다. 보이스가 이미 세상을 떠난 뒤였다.

잠시 눈을 돌려 사회적 현상의 하나인 이 시대 대중문화의 현장을 들여다보자. 21세기 초에 세상을 들었다 놓았다 했던 싸이, 초국적 대중가요 '강남스타일'(2012년)에서 그는 노래했다. "오~ 오빤……근육보다 사상이 울퉁불퉁한 사나이"라고. 노는 오빠가 사상씩이나? 더구나 21세기 포스트모던의 시대에? 울퉁불퉁했던 한국 현대사 속 대중가요의 역사에 사상이 낯선 일은 아니다. 멀리는 1970년대부터 이어져 온 하나의 문화축이었다. 대중예술은 아니지만 (대중예술이었으면 너무 좋겠지만) 조경도 어떤

238

가치와 예술적 표현을 추구한다는 면에서 '사상'과 전혀 무관하지는 않다. 심지어 21세기의 첫 베니스건축비엔날레(2000년)에서도 '미학'보다 '윤리'를 새로운 창작의 가치로 추구하자고 하지 않았는가.

공교롭게도 싸이의 강남스타일 히트와 같은 해에 덴마크 코펜하겐에서는 실제로 '사상이 울퉁불퉁한' 공원이 태어났다. 아르헨티나 태생의 도전적인 독일 조경가 마르틴 라인-카노Martin Rein-Cano가 주도한 작품 '수페르킬렌Superkilen'이 그것이다. 이 공원은 야한 카바레와도 같은 원색 팝아트 스타일 외관과 함께 당대 조경과 도시설계에 21세기형 사회적 리얼리즘의 폭탄을 투하했다. 라인-카노는 이주민 노동자의 우범지역이었던 곳 중앙의 선형 대지에 서로 극명하게 대비되는 바닥 색깔들의 광장과 시장과 공원 기능을 융합한 공원을 조성해 각기 다른 나라에서 온 이주민들의 사회적 교류와 통합을 촉진하려 했다.

'수페르킬렌' 설계의 핵심은 이주민들의 고향 나라에서 가져온 공원 시설물들의 무작위 배치였다. 이를 통해 다양한 정체성 표현과 사회적 융합이라는 도시적 과제를 동시에 이룩했다는 점이 중요하다. 이 현상의 의미는 그간의 극단적 작가주의의 돌파구로서 시대정신 또는 사상을 제시하고 있다는 점이다. 뷰티에서 어메니티로, 에콜로지에서 아이덴티티로, 커뮤니티로! 이들은 20세기 이후 조경과 환경디자인에서 시대의 변화에 따라 번갈아 등장했던 대표 가치였다. 이 유구한 가치의 흐름 속에서 새롭게 대두되고 있는 것이 사회적 사실주의social realism라고 할 수 있을 것이다.

사회적 조경의 실천을 향하여

사회적social이라는 개념은 공공성보다 구체적이고 동태적이며 장소 지향적일 수 있다. 장소 특정적 시간과 사건과 사람의 동태적 구체화가 우선인 것이 '사회적 예술로서의 조경'이다. 사회적 공원은 이 시대가 요구하는 공원의 성격이 될 수 있다. 앞에서 이야기한 마르틴 라인-카노와 함께 다음에서 살펴볼 일군의 한국 조경가들도 그러한 사상을 구현하기 시작했다고 본다. 김연금, 김아연, 박승진, 안계동과 같은 중진 조경가들이 사회적 조경 계열의 작품을 내놓고 있다. 이들 외에 부상하고 있는 여러 젊은 조경가들도 유사한 의식을 가지고 활동하고 있다고 나는 생각한다.

도시재생이라는 말이 한국에서 유행하기 한참 전, 마을 단위의 재생이 김연금의 '한평공원'을 통해 태어나고 있었다. 한평공원은 그의 고향이자 거주지인 금호동과 약수동에서 길어 올린 하나의 작은 사상이며, 주민들과 함께 서울의 토속적 주거지 안에서 발견하고 주민들 스스로 만들어 낸 생활의 초상이자 진실한 '사회적 장소'였다. 김연금과 함께한 '도시연대'의 실행 조직 '커뮤니티디자인센터'는 2002년 서울시 종로구 원서동 빨래골 쉼터를 시작으로 2013년까지 45개의 한평공원을 만들었다. 원서동의 1호 한평공원은 북촌 가꾸기 일환이었는데 버려진 방범 초소를 주민들의 쉼터로 바꿔놓았다. 한평공원은 시민단체 '걷고싶은 도시만들기 시민연대'가 신한은행의 지원을 받아 주민 참여로 만든 작은 공원이다. 조경 계획에 있어서 사회적 소통을 주제로 박사 학위를 받은 김연금은 한평공원에서 출발해 어린이공원과 학교운동장 공원화로 대상을 확대하면서 주민과의 소통을 통한 인간적, 사회적 조경을 연

김연금, 한평공원 사진전

김연금, 한평공원의 11년

김아연, 장화물 광장

구하며 실천하고 있다.

　미술로부터 방법과 모티브를 끌어내 경관 속에 사회적 예술을 시도한 대표적 조경가로는 김아연을 들 수 있다. 정선 사북 광산의 폐광화와 지역 쇠퇴에 대한 재생의 방안으로 진행된 '아트인빌리지Art in Village'(2011년) 프로젝트에서 김아연은 그래픽과 설치미술과 퍼포먼스로 폐광 인근의 장소에 감동적인 경관예술 작품 '장화물 광장'을 만들었다. 개미굴 같은 광산 지하 평면도를 지상에 그래픽으로 노출시키고 그 한쪽에 광부들이 작업 종료 후에 쓰던 간이 샤워장을 컬러풀한 어린이 물놀이 장으로 바꾼 연출은 눈물겹고도 극적인 행위예술로의 반전이었다. 예술은 조경을 도구로 삼는데 조경이 예술로 표현 못 할 이유가 없음을 놀라운 역량과 기량으로 입증한 작업이다. 그 뒤로도 그는 청량리역의 '밥퍼공원', 녹사평역의 실내 공공 정원 '숲갤러리' 등 도시와 지역 곳곳에서 펼친 일련의 작업을 통해 일관된 사회 의식을 경이로운 발상의 예술 형식으로 구현하고 있다.

조경의 접근 방법을 예술과 사회로 양분해 따지자면 박승진의 작업은 사실 예술 쪽에 가깝다. 그것도 대가급 작품의 완성도를 갖추고 있다. 그가 풀무원 공장에 펼친 감동적인 '물의 정원'은 미니멀 예술 조경의 한 획을 그은 작품이다. 그러나 조경을 대하는 박승진의 의식과 연륜은 최근의 '브릭웰 정원'(2020년)에서 한층 무르익은 사회적 장소를 생산했다. 이 작품의 기저에는 서촌이라는 장소의 힘이 깔려 있기는 하나, 그는 서촌의 경관 맥락을 장소 특정적으로 해석하고 적요한 연못을 배치함으로써 바로 그 앞에 위치한 백송터와 양과 음의 대조적 형태로 서로 조응하게 했다. 브릭웰 정원은 도시 경관과 동네, 건축물과 골목, 문화적 산책자의 경이로운 정원 체험이라는 점진적 경관 연속성을 성취함으로써 주변 도시 조직과 함께 화룡점정의 사회적 장소를 완성한다. 이 작품을 경험하는 일련의 과정을 통해 우리는 조경의 지역성 구현과 사회적, 경관적 역할에 눈뜨게 될 것이다.

박승진, 브릭웰 정원 앞 백송 터

박승진, 브릭웰 정원

안계동은 하나의 공공 공간이 주변 경관 및 사회와 잘 호흡하게 다듬어 나가는 도시 맥락적 안목을 가지고 있으며 조경을 통해 장소성을 구현하는 조경가이자 도시설계가다. 그는 '서울숲', '노들섬' 등 역대 서울시장들의 대형 핫플레이스를 설계한 것으로도 유명하지만, 그의 '경의선 숲길 공원'(2016년)은 이 원고의 주제인 사회적 예술의 관점에서 정점을 찍은 작업이다. 이 공원은 긴 구간의 도심 폐철도 위에 만든 작품으로, 선형의 공원이라는 면에서 마르틴 라인-카노의 수페르킬렌과 형태적으로 닮았다. 또한 철로 변의 낙후 주택가 구간, 문화·상업 부도심인 홍대 앞 지역, 가좌역의 자연 구간 등 다양한 도시 조직을 뚫고 지나간다는 면에서도 그 사회적 맥락이 유사하다. 이 공원이 조성된 뒤 주변 지역의 장소적 가치가 현격히 높아지고 토지이용이 활성화, 다양화되고 있다는 사실은 조경을 통한 도시재생의 힘을 입증하는 가장 강력한 증거라 할 수 있을 것이다. 도시재생의 시대에 경의선 숲길 공원이라는 선례는 조경과 공원녹지가 지역 재생 매체로서 저력을 지니며 저비용의 효과적 사회 통합과 복지 수단임을 웅변하며 한국 조경의 기념비 중 하나로 남게 될 것이다.

안계동, 경의선숲길

공원과 시민사회

박승진

『보그』의 편집위원이자 뉴욕 하이라인 공원의 이사회 멤버인 케이티 머론Catie Marron이 엮은 책 『도시의 공원』은 평범한 제목과 달리 다양한 직업을 가진 18명의 도시공원 생생 체험기다. 머론은 서문에서 인문학도인 자신이 청년 시절 처음 방문한 파리의 뤽상부르 정원이 이후 자신과 가족의 삶에서 어떤 역할을 하는지 설명하면서 이 공원의 경험이 책을 엮은 이유라고 밝힌다. 책의 부제는 '공원에 깃든 삶의 이야기'다. 도시공원을 다룬 책이지만 필진 중에 조경가는 아무도 없다. 조경가는 공원을 설계하지만 그 공원을 사용하고 소비하는 주체는 시민들이다.

조경가 프레더릭 로 옴스테드Frederick Law Olmsted가 뉴욕 센트럴파크를 설계할 당시, 그는 종종 공원 건축가park architect로 불렸다. 현대 '조경'과 '공원'은 실상 그 태생이 같은 것이다. 한국 조경 역시 태동기부터 공원을 설계하고 만들었다. '조경 50년'의 시간 속에서 한국의 공원은 양과 질 모두에서 비약적으로 성장했다. 그 중심에 시민이 있었고,

이제는 시민이 공원을 운영·관리할 역량도 갖게 되었다. 전 지구적 기후 위기와 팬데믹으로 인해 도시공원에 대한 관심이 그 어느 때보다 집중되고 있는 지금, '공원과 시민사회', 그 오래된 관계를 살펴본다.

서울, 1970년

내가 어린 시절을 보낸 서울의 어느 동네에는 이상한 이름이 붙어 있었다. '오공구', '육공구', 또 '일공구'도 있었다. 우리 집은 오공구였고 일공구에 사는 친구의 집은 제법 멀었다. 아무 의심 없이 그저 동네 이름으로만 여겼던 그 이상한 이름이 다름 아닌 공사 구역을 구분하는 용어였음을 알게 된 것은 그로부터 한참 지난 후였다. 신촌의 오래된 마을에서 강 건너에 새로 조성된 대규모 택지로 이사한 뒤 우리는 새로운 문물을 마주하게 되었다. 바로 '신식 놀이터'다. 지금도 여전히 어린이공원으로 남아있는 그 놀이터는 동네 어린이들의 일상 그 자체였다.

넓은 면적에 한 번도 보지 못한 신기한 놀이기구들은 우리를 매료시켰다. 아이들은 늘 공원에 있었다. 늦은 밤까지 매일 뛰어놀았고, 엄마들은 자연스럽게 이웃이 되었다. 아이들이란 원래 같이 놀다 보면 싸우기도 하고 넘어져 다치기도 하는 법이지만 그날의 사고는 제법 문제가 되었다. 공놀이하던 아이가 날카로운 그네 모서리에 얼굴을 크게 다치게 되었는데, 그동안 유사한 사고가 반복되었던 것이다. 아이들의 부주의 때문이 아니었다. 놀이시설물에 근본적인 문제가 있었다.

부모들은 대책위를 꾸렸고 구청을 찾아가 시정을 요구했으나 쉽게 받아들여지지 않았다. 결국 그날의 사고가 일간지에 보도됐고 구청은 하는 수 없이 실태 조사에 나섰다. 신식 놀이터가 아이들에게 흉기로 변할 수 있다는 사실에 동네의 모든 놀이시설물을 점검하게 되었고 대대적인 교체 작업에 들어갔다. '놀이터 엄마들'의 승리였다. 비슷한 또래 아이들을 가진 엄마들은 '한동네'라는 연대감으로 뭉쳤고 동네의 현안들을 챙기기 시작했다. 골목길 포장, 수돗물 공급, 심지어는 비행기의 소음—공항에서 가까운 곳이었다—까지 문제 삼으며 납세자로서의 권리를 당당히 주장하게 되었다. 동네 아줌마가 아닌 '시민'으로 거듭난 것이다.

맨해튼, 1973년

리즈 크리스티 공공 정원Liz Christy Community Garden은 특별한 사연을 가진 공원이다. 1970년대 중반 뉴욕의 로어 이스트 사이드, 할렘, 브롱크스 같은 지역은 몰락의 길을 걷고 있었다. 센트럴파크가 조성된 지 약 100년 뒤, 공원은 뜻하지 않게 범죄의 온상이 됐고 공원 주변에 빈 건물이 늘어나면서 도시가 슬럼화되고 있었다. 이때 몇몇 원예가가 로어 이스트 사이드 지역에서 길이 90m에 폭 15m 정도 되는 공지를 발견하게 되는데, 온갖 도시 쓰레기로 가득 차고 방치된 곳이었다.

그들은 지역 주민들의 지원을 받아 쓰레기를 치우고 용토를 확보하는 등 정원을 위한 기반을 만들어가기 시작했다. 하지만 땅의 소유자를 알 수 없었고 그러다 보니 정원을 불법으로 만들기 시작한 셈이 되었다. 리즈 크리스티는 자신을 포함한 원예 활동가들을 '그린 게릴라'라고 불렀고, 지역 신문이 그들의 활동을 기사화하기 시작했다. 지역 주민들은 이러한 자발적 시민 활동이 슬럼화된 도시를 변화시킬 수 있다고 믿었고 합법적인 해법을 찾아 나섰다. 시민들의 노력은 결실을 맺게 되는데, 정원을 조성하기 시작한 지 15개월이 지나서 이 정원 만들기 활동이 합

법적인 것으로 받아들여졌다. 그리고 땅의 소유권 문제를 시가 책임지게 되면서 활동가들에게 연간 1달러만 받고 정원을 임대하게 되었다.

정원은 많은 나무와 풀로 채워졌고, 사람들은 연못을 파고 거북이를 키웠다. 꽃이 필 때면 벌들이 날아와 벌집을 만들었다. 활동가들의 헌신이 지속적으로 이루어졌다. 2005년에는 이 작은 공공 정원이 센트럴파크와 같은 수준으로 공적 관리가 이루어질 수 있는 커뮤니티 정원으로 정식 등록됐다. 이 정원에 헌신한 젊은 예술가 리즈 크리스티는 비록 39세의 나이에 안타깝게 세상을 떠났지만, 그녀가 남긴 시민 정신은 '게릴라 가드닝'이라는 시민 주도 활동을 세계에 널리 알리는 계기가 됐다.

버컨헤드, 1847년 4월 5일

영국의 조경가 조셉 팩스턴Joseph Paxton이 설계한 버컨헤드 공원Birkenhead Park은 공적 자금으로 조성된 최초의 공원public park으로 잘 알려져 있다. 세계의 공원 역사는 1847년 전과 후로 나뉜다. 버컨헤드 이전의 공원들은 비록 공공의 이용이 가능했고 오늘날 도시공원의 기능을 가지고 있었지만 공공public이 아닌 왕립royal이라는 한계가 있었다. 본래 '파크park'는 중세 귀족들의 '사냥감 보호구역'을 뜻하는 용어로 사용됐다. 산업혁명 이후 런던의 도시화가 진행되면서 공원의 필요성이 대두되었고, 왕실의 토지를 일찍이 1637년에 개방한 하이드 공원Hyde Park에 이어 리젠트 공원Regent's Park과 그린 공원Green Park 등 귀족과 왕실 소유의 토지들이 1800년대 초에 잇달아 공원으로 개방되었다. 하지만 이러한 유형의 공원들은 공적 자금이 아닌 귀족들의 시혜로 개방된 것이기에 진정한 의미로 공공의 범주에 들어가지 않는다.

영국의 공업 도시 리버풀은 19세기 중반에 세계 무역의 중심지 역할을 했다. 1821년 200여 명에 불과했던 인구가 이후 30년 동안 120배나 늘어 24,000명에 달했다. 급격한 도시 성장에 따른 문제를 해결하고자 공원의 필요성이 제기되었다. 1841년 리버풀 시의회의 도시개선위원회는 공원 조성을 위해 226에이커에 이르는 습초지를 지방정부의 공적 자금으로 구매할 수 있도록 허가한다. 비로소 왕이나 귀족의 시혜가 아니라 시민의 세금으로 조성되는 세계 최초의 공원이 가능하게 된 것이다. 5년 간의 공사를 거쳐 1847년 4월 5일 부활절 월요일에, 인접한 버컨헤드 부두 완공에 맞춰 공원도 준공—공원은 1845년 여름부터 일반에 개방되었으나 두 행사를 동시에 열기 위해 공원의 공식 준공일을 연기—을 맞게 된다.

1850년 5월, 한 젊은이가 리버풀 항구에 도착한다. 버컨헤드 공원을 방문한 그는 이 새로운 전원 풍경의 공간에 깊은 감명을 받는다. 그는 『어느 미국 농부의 영국 여행기Walks And Talks of An American Farmer In England』에서 버컨헤드 공원이야말로 계층, 연령, 피부색, 신념의 장벽이 없는 전대미문의 완벽한 커뮤니티 공간이라는 뜻에서, "완전히, 무조건적으로, 영원히"라는 용어를 써가며 진정한 의미의 "민중의 정원people's garden"이라 감탄을 아끼지 않았다. 이날 공원을 방문한 28세의 미국 청년 프레더릭 로 옴스테드는 어쩌면 공원에 최초로 '민중'이라는 위대한 용어를 쓴 인물이 아닐까. 버컨헤드 공원은 공적 자금으로 조성된 최초의 공공 공원일 뿐 아니라, 어느 누구도 차별하지 않는 진정한 의미에서 최초의 민중 공원으로 기록되어도 무리가 없을 것이다.

시민, 시민사회, 공원

공원과 시민사회의 등장은 인류가 이룩한 진보적 성과로 손에 꼽을 만하다. '시민'의 근대적 의미는 절대 왕권에 대항하여 시민혁명을 이룬 주체로서 부르주아 계층을 일컫는 것으로, 봉건 체제를 무너뜨리고 산업혁명과 함께 근대 자본주의를 확립한 세력을 말한다. 시민 계급의 등장은 신분제를 기반으로 하는 구체제의 몰락을 의미하며 자유와 평등, 독립을 보장하는 시민사회가 태동했음을 보여주는 역사적 사건이었다.

현대 사회에서 시민은 포괄적 개념으로 사용되며 사회 구성원 전체를 의미한다. 시민들로 구성된 '시민사회' 역시 국가, 가족, 시장으로부터 상대적으로 독립된 비정부 기구, 공동체, 자선 단체, 사회운동 단체 등 공직 영역을 의미한다. 17세기 중반에서 19세기 중반에 이르기까지 약 200년간 진행된 서구의 시민 혁명기는 왕실의 전유물이었던 토지가 대중에게 개방되고 또 최초의 공공 공원이 조성되던 시기와 완전히 일치한다. 1851년에 제정된 영국의 '왕실토지법'은 왕실의 산림, 삼림 및 토지를 공공 사업을 위해 관리하도록 한 법으로, 이 법률에 기반해 귀족의 전유물이었던 런던의 왕립 공원들을 공공 공원으로 관리하게 되었다. 그러므로 공원의 등장은 시민 계급의 등장과 뗄 수 없는 사건이며, 그렇게 만들어진 공원은 그 자체로 인류 진보의 상징인 셈이다.

1850년대 조성되기 시작한 뉴욕의 센트럴파크는 공원 시대의 개막을 알리는 화려한 서곡이었으며, 그 중심에는 국가의 중심 세력으로 부상한 시민사회가 있었다. 민주주의의 성장은 시민사회의 성장을 이끌었고, 시민의 목소리가 정책에 반영되는 세상이 도래했다. 도시의 고밀화와 인구 집중이 두드러지면서 공원은 도시의 성장통을 치유할 수 있는 해법으로 제시됐다. 공원은 확산되었고, 시민은 공원의 주인이 되어갔다. 공원의 공급이 왕실의 시혜가 아닌 정부의 정책으로 이루어졌고, 시민을 위한 공공 공간이 과거와 비교할 수 없을 정도로 확대됐다.

두꺼비들이 나서다

2003년 3월 청주에서 흥미로운 사건이 발생한다. 인근 구룡산 자락에 자리 잡은 원흥이 마을에서 어린 두꺼비들의 대규모 이동 행렬이 관찰됐다. 이 마을은 자연 생태가 잘 보존된 지역으로, 시민 대상의 생태 교육 프로그램이 활발했다. 대규모 택지 개발사업의 착공을 앞두고 우연히 발견된 새끼 두꺼비들의 이동 행렬은 시민들을 움직였다. 잘 보존된 두꺼비 서식처가 개발로 인해 파괴되는 것을 막아보자는 취지로 시민 조직이 결성되었다. 3개월 만에 조직은 청주시 내 42개 시민단체가 참여하는 '생태문화보전 시민대책위원회'로 확대되었다. 위원회는 원흥이 자연학교, 두꺼비기자단, 원흥이탐사대와 같은 시민참여 프로그램을 운영하면서 두꺼비 서식처를 파괴하는 개발사업의 조정을 요구했다.

이 지역은 이미 1994년에 택지개발예정지구로 지정이 되었으며 당시 사업 확정 후 도시계획 심의 단계를 거치고 있었다. 시민사회의 요구는 선명했다. 개발사업의 전면적 철회가 아니라 서식지 방죽 배후 지역을 생태 공원으로 조성해 달라는 것이었다. 사업 주체인 한국주택공사는 연구 용역의 결과를 토대로 일부 공간에 생태 통로를 설치하는 방안을 제시했으나, 대책위원회는 이 소극적인 대안을 거부했다. 여론이 나빠졌고, 시민사회는 사업 주체의 진정성을 의심했다.

결국 중앙도시계획심의위원회는 시민들의 손을 들어줬다. 시민사회와의 합의가 없는 허가청의 일방적 심의 요청을 문제 삼아 택지개발 유보 결정을 내린 것이다. 뿐만 아니라 절대보존지역의 지정과 생태 통로의 확충, 일부 토지이용의 조정까지 몇 가지 조건을 달았다. 도시계획심의 유보 결정으로 해결의 실마리가 보이는 듯한 것도 잠시, 허가청은 심의 의견을 자체 보완했다는 이유로 택지 공급을 전격 승인한다. 시민사회가 즉각 반발하면서 본격적인 다툼이 시작되었다. 여론은 다시 악화되어 전국적인 이슈로 번져나갔다. 사업 주체와 시민사회 간의 줄다리기가 계속되었다. 사업 주체는 사업성을 고려한 나름의 대안을 제시하였으나 시민사회와의 갈등은 계속되었고, 대책위원회는 시민들을 대상으로 한 교육과 홍보 활동을 강화해 나갔다. 청와대 상경 시위, 단식과 삭발, 촛불시위가 이어졌다. 강행된 일부 공사에 대한 공사 중지 가처분 신청이 법원에 의해 인용되기도 했다.

두꺼비들의 이동 행렬이 관찰된 지 1년 6개월 만에 지방정부와 시민사회 단체, 사업 주체 간에 합의가 이루어졌다. 3자 실무 협의회를 통해 충청북도의 중재안을 '원흥이생명평화회의'가 수용한 것이다. 그 결과 생태 공원은 제 기능을 발휘할 수 있는 형태로 조성되었고 두꺼비 서식처에 대한 지속적인 모니터링에 시민단체가 참여할 수 있는 기반도 마련되었다. 특히 지방정부와 시민사회, 사업 주체가 참여하는 거버넌스 운영에 합의하게 된다. 원흥이생명평화회의는 이후 '구룡산트러스트' 운동을 시작하게 된다. 시민 참여 유도, 모금 및 기부 운동을 주도하고 생태 공원의 설계와 공사, 관리에 시민 참여를 선언한다.

경전철 아니고, 공원

광주광역시의 '푸른길 공원'은 두 시간 남짓 산책을 즐길 수 있는 도시 속 선형 공원이다. 올해로 준공 10년째를 맞는다. 지금은 손색없는 도시공원의 기능을 하고 있지만, 이곳이 공원으로 만들어지기까지는 오랜 갈등의 시간이 있었다. 원래 이곳은 경전선 기차가 다니는 철로였다. 기차가 도심을 통과하면서 교통 체증, 소음과 진동, 열차 사고, 마을의 단절 같은 문제가 늘 있었기에 인접한 지역의 주민들은 철로 이전 결정을 반길 수밖에 없었다. 그런데 이것이 그렇게 간단한 문제가 아니었다.

광주시는 철로를 철거한 그 자리에 새 도심형 경전철을 만들어 교통 문제를 해결하려 했다. 1990년 이전 결정이 났고 1995년 이설 공사가 착공되면서 주민들이 움직이기 시작했다. 이곳의 주민 300명은 철도 부지를 자전거 도로와 녹지가 있는 공원으로 조성할 것을 시의회에 요청했다. 주민들의 자발적 발의는 뜻을 같이하는 전문가와 시민들의 참여

광주 푸른길 홍보 유튜브

를 촉발했다. 길이가 10km에 이르는 폐선 부지를 어떻게 활용할 것인가 하는 이슈는 비단 인접 주민의 문제에 그치지 않기 때문이었다.

도심 철도의 폐선 부지 활용을 위한 위원회가 구성됐고 시민 대토론회, 공청회, 서명 운동이 이어졌다. '푸른길가꾸기 시민회의'의 이러한 노력은 공원화 계획 수립으로 결실을 맺었다. 지방정부의 경전철 사업이 공원화로 방향을 선회한 것이다. 시민들은 기존 조직을 지역 전체가 참여하는 운동 본부로 격상시키고 도시계획, 환경, 생태, 조경, 건축 전문가를 참여시키게 된다. 전문가들은 실제 주민들의 참여가 가능한 부분을 제시했고 자원봉사, 선언문 발표, 나무 심기와 같은 행사들이 이어졌다. 특히 '참여의 숲' 조성은 공원의 일부 구간을 지역주민이 책임지고 완성하게 한 사업으로, 수종 결정부터 설계 참여에 이르기까지 주민들이 주도한 시민 참여형 도심지 공원 조성 사례라고 평가할 수 있다.

광주 푸른길은 지역사회가 직면한 문제를 해결하기 위해 지역주민들의 참여, 지역사회 이해관계자들의 네트워크, 이들의 파트너십이 잘 발휘된 사례로 주목받고 있다. 네트워크의 주체는 광주시와 지역주민 그리고 시민사회단체인 '시민회의'와 전문가 집단이다. 특히 시민회의는 지역의 30여 개 시민단체가 연대해 푸른길 공원에 대한 공감대를 형성함으로써 광주시가 의견을 수용하게 하는 결정적 계기를 만들었다. 공원 준공을 앞둔 2013년 1월에는 시민 참여를 제도화한 '관리운영조례'가 제정되어 공원 준공 후에도 시민들의 지속적인 참여가 가능해졌다.

로컬 거버넌스와 공원

협치로 번역되기도 하는 거버넌스governance는 요즘은 원어 그대로 불리는 경우가 많다. 거버넌스는 공공 영역과 민간 영역 행위자 사이에 이루어진 네트워크 방식의 수평적 협력 구조를 말한다. 거버넌스는 최종 결정권자가 없는 집합적 행동이며 국가를 벗어나서 이루어지는 정책 입안의 성격을 갖기 때문에 정부 주도의 통치나 지배가 아닌 '경영'에 가깝다. 광주 푸른길 공원은 지역의 거버넌스가 잘 작동해 정부의 일방적 계획을 철회시키고 사회적 합의에 따라 공원을 조성한 성공 사례.

한국에서는 1990년대부터 시민들의 참여가 늘기 시작해 2000년대에 이르러서는 미군 기지 반환에 따른 여러 가지 사회적 조치와 함께 하천 생태계 복원 등 환경 이슈에 이르는 다양한 시민 활동이 이어지면서 로컬 거버넌스가 지역에 정착하기 시작했다. 1990년대에 시작된 아파트 공동체 운동, 생명의 숲 가꾸기 운동, 걷고 싶은 도시 만들기 등이 초기의 대표적인 거버넌스 사례다. 자발적인 시민 참여를 기반으로 한 거버넌스의 구축이 공원과 관련해서도 나타나기 시작했다. 초기에는 생태공원이나 식물원을 대상으로 한 자원봉사와 생태 프로그램 운영의 형태로 나타났다. 남산공원, 길동생태공원, 월드컵공원, 선유도공원에서 활동이 시작되어 전국적으로 확대되었다. 앞에서 살펴본 바와 같이 청주의 원흥이생태공원 역시 갈등과 충돌이 빚어지기는 했으나 끈질긴 거버넌스의 작동에 힘입어 애초에 계획이 없었던 공원을 조성하기에 이른 사례. 지역주민, 지역사회 이해관계자, 지방정부, 시민사회가 수평적 네크워크를 형성하면서 상호 협력과 조정을 실천한 결과다.

뉴욕의 공원들은 1970년대 쇠퇴기를 맞는다. 지난 한 세기 동안 공원은 지친 시민의 훌륭한 휴식처이자 피난처 역할을 했다. 나무는 숲이 됐고 자연은 온전해졌으나 공원은 오히려 범죄자와 마약 중독자의 소굴

이 되었다. 당시의 사회적 상황과 무관하지 않겠지만 공원은 기피 대상이었고 주변 집값은 속절없이 떨어졌다. 브라이언트 공원Bryant Park도 예외가 아니었다. 이 공원은 1934년 조성된 이래 심각한 위기를 겪었다. 브라이언트 공원에 마약 밀매자들이 사라지고 사람들이 다시 모이기 시작한 것은 1990년대 들어서다. 시민들은 새로운 공원을 원했고 이를 위해 거버넌스가 필요했다. 옛 명성을 되찾기 위해 공원을 리모델링했고 시민들을 불러 모을 프로그램을 작동시키자 공원이 되살아났다.

공원 거버넌스park governance는 장소에 기반한 자발적 주체들, 즉 지역사회 시민들, 지역 NGO, 지역의 민간기업, 공공—중앙 또는 지방정부—이 공원에 대한 책임과 권한을 공동으로 위임하는 수평적 조직이자 협력 체계를 의미한다. 미국에서는 주로 컨서번시conservancy라는 형태로 운영된다. 공원 컨서번시는 비영리 민간 조직으로, 공원 관리와 운영에 필요한 자금을 모금하고 공간과 시설을 유지 관리하며 다양한 공원 이용 프로그램을 운영한다. 뉴욕 센트럴파크 컨서번시는 대표적인 공원 거버넌스다. 300명의 직원이 공원 운영과 관리를 맡고 있다. 전액 기부금으로 운영되고 있는데, 한 해 기부금 규모가 거의 900억 원에 이른다. 공원에 대한 전략 계획, 공원 운영, 공공 프로그램 개발, 마케팅 및 커뮤니케이션 전략을 감독하는 역할을 하고 있다.

공원의 친구들

1975년 시카고에서 환경운동을 시작한 비영리단체의 이름에서 비롯된 '공원의 친구들Friends of the Parks'은 21세기를 목전에 둔 1999년 뉴욕에서 빛을 발한다. 방치된 폐철도에서 번성한 야생 식물을 목격한 조슈아 데이비드Joshua David와 로버트 해먼드Robert Hammond는 '하이라인의 친구들Friends of Highline'을 결성하고 폐철도를 공공 장소로 보존해 재사용하자는 주장을 한다. 이렇게 시작된 폐철도 공원화 구상은 36개 국가 720개 팀이 응모한 아이디어 공모전을 통해 세간의 관심을 끌고, 2004년 뉴욕시와 의회가 이 구간을 특별 구역으로 지정하는 성과를 거둔다. 프로젝트는 힘을 얻었고 설계팀 선정을 위한 국제 설계공모전이 개최되었다. 하이라인의 친구들은 결성 15년 만인 2014년, 전 구간 개통이라는 빛나는 성과를 거둔다. 하이라인은 이제 뉴욕을 대표하는 장소가 됐고, 지역사회를 활성화하는 대표적 거버넌스가 구축되었다.

하이라인 거버넌스는 공원 자체뿐 아니라 공원이 위치한 지역사회와 소통하고 협력하는 다양한 시스템을 작동시키고 있다. 이 거버넌스는 지역주민과 사업주로 구성된 '지역협의회'를 통해 공원과 지역의 현안을 논의한다. 특히 2019년 가을에 시작한 '지속가능한 정원 프로젝트'를 눈여겨 볼만하다. 이 프로그램은 뉴욕시 전역에서 혁신적인 커뮤니티 정원 가꾸기 프로젝트를 확장하고 지원하는 사업인데, 지역의 공공 공원에 대한 투자를 이끌었다는 평가를 받는 CPICommunity Park Initiative 사업의 후속 조치 성격을 갖는다. 또 다른 사업인 '하이라인 네트워크'는 활용도 낮은 도시 기반시설을 새로운 도시 경관으로 재창출하는 프로젝트로, 광장, 박물관, 식물원, 사회복지 기관, 산책로, 도로와 같은 공공 공간을 대상으로 한다.

세계 최초의 공공 공원인 버컨헤드 공원의 자원봉사 그룹 '버컨헤드의 친구들Friends of Birkenhead'은 1976년 창설 이래 공원 역사에 대한 리플렛과 뉴스레터를 제작하고 다양한 교육 프로그램을 운영하며 국가

교육 과정과 관련된 기술 훈련도 제공한다. 2021년에는 그 공로로 권위 있는 상—The Queen's Award for Volunteer Service—을 받기도 했다.

공원 거버넌스는 진화를 거듭하고 있다. 순수한 자원봉사에서 시작한 시민들의 활동이 점차 조직화되었고, 시민은 공원의 이용자에 머물지 않고 운영 주체로 거듭났다. 정부와 지역주민, 전문가 그룹 등 수많은 이해관계자가 수평적으로 협력하는 체계를 확립함으로써 가장 민주적이고 효율적인 방식으로 공원을 운영하게 된 것이다.

서울숲과 노들섬의 경우

1980~90년대를 거치며 전 세계적으로 대도시를 중심으로 한 공원 정책에 변화가 감지되기 시작한다. 대규모 산업시설이 도시 외곽으로 이전하면서 생긴 이전적지를 공원으로 개발하는 사례가 늘기 시작했다. 파리의 시트로엥 공원Parc Andre-Citroen처럼 민간 소유의 이전적지를 지방정부가 매입해 공원으로 조성하는 등, 대도시일수록 공원을 확충하는 정책이 공격적으로 실행되었다. 한국의 경우에도 여의도공원, 선유도공원, 하늘공원, 노을공원, 서울숲 등 과거 산업시설을 공원화하는 프로젝트가 1990년대 후반에서 2000년대 초반에 걸쳐 빠르게 진행됐다. 특히 서울숲은 지방정부와 시민사회가 처음부터 협력 체계를 구축해 기획 단계부터 관리 운영에 이르기까지 거버넌스를 작동시킨 성공 사례로 꼽을 수 있다. 그리고 그 중심에 '서울그린트러스트'가 있다.

서울그린트러스트의 모체인 '생명의숲국민운동본부'는 1990년대부터 생활권 녹지 확대와 도시숲 가꾸기 운동을 주도하며 민간이 참여하는 도시공원 운동을 주도했다. 2002년에는 '서울그린비전 2020'을 마련한다. 이를 바탕으로 공원 조성에 시민사회가 참여하는 민관 파트너십을 제안해 서울시와 협약을 맺고 공익재단 서울그린트러스트를 발족하게 된다. 이후 서울시와 함께 도시숲 공원을 조성하는 프로젝트를 추진했고, 설계공모를 거쳐 2005년에 서울숲을 개장하게 된다. 공원 준공과 함께 시민 자원봉사 단체로 만들어진 '서울숲사랑모임'의 활발한 활동은 시민참여형 공원 관리의 가능성을 모색하는 계기가 되었다.

공원 조성 기획 단계에서 체결된 민관 파트너십은 로컬 거버넌스의 형태를 가지고 있었으며 시민사회가 주도적으로 참여함으로써 공원 문화 확산에 혁신적으로 기여한 것으로 평가받고 있다. 이후 공원 준공과 함께 다양한 공원 프로그램을 운영하면서 공원 '관리'의 차원을 넘어서 시민들이 참여하는 공원 '운영'의 민간 위탁 가능성을 확인하게 되었다.

서울그린트러스트 공원의 친구들 봉사활동 포스터

서울숲컨서번시 간행물

2016년에는 '서울숲컨서번시'로 독립, 의사결정기구인 '서울숲위원회'가 발족되면서 명실상부한 선진형 공원 거버넌스 체계가 완성되었다.

서울그린트러스트는 서울숲 공원을 운영할 뿐 아니라 2015년부터 '공원의 친구들'이라는 플랫폼을 통해 독특한 방식으로 시민의 자원봉사를 유도한다. 은행연합회와 22개 회원사의 후원으로 운영되는 이 플랫폼은 봉사활동 1시간에 1만원을 적립하는 매칭 그랜트로 공원 운영에 필요한 재원을 확보한다. 매칭 그랜트는 기부된 기금으로 공원 시설물과 물품, 봉사활동 도구 및 재료 구입 재원을 확보하는 수단으로, 계속 감소하고 있는 지방정부의 예산에 대응하기 위한 묘책이기도 하다.

'공원의 친구들'은 2017년부터 공모 방식으로 '친구공원'을 선정한다. 2021년 기준으로 서울의 난지천공원, 서울숲공원, 여의샛강생태공원을 비롯해 부산, 청주, 강릉, 대구, 울산, 포항 등 7개 지역 25개 공원과 관계를 맺고 활동을 이어가고 있다. 시설 보수, 나무 심기, 청소, 먹이주기, 환경보호 캠페인, 에코 프로그램 운영 등 다양한 자원봉사를 진행한다. 특히 반장 아카데미, 도토리저금통, 봉사경매파티, 어떤버스, 철인3종봉사 등 독특하고 신선한 아이디어로 청소년들의 호응을 얻고 있다.

서울숲을 계기로 구축된 공원 거버넌스는 한강의 노들섬을 복합문화공간으로 개발하는 프로젝트에서 더욱 진화한다. 2006년 당시 민자사업으로 추진되던 오페라하우스 건립이 새 지방정부 구성과 함께 폐기되고 2015년 복합문화공간으로 추진되는데, 관행과 다른 새로운 방식의 접근이 이루어졌다. 시민사회의 참여를 확대하기 위해 다양한 분야의 전문가로 구성된 '노들섬 포럼'을 구성해 시민 의견을 듣는 공개 토론

노들섬 개장 홍보 포스터

회를 개최했고 이어서 시민 아이디어 공모가 열렸다. 이후의 통상적 단
계는 공간을 구축하는 설계공모를 진행하고 그에 따른 조성 공사가 끝
나면 시설을 운영할 방식을 모색하는 것이다. 노들섬의 경우는 이러한
방식이 아니라 1단계로 운영 구상 공모를 먼저 실시해 운영관리 주체를
선정한 뒤 2단계로 건축물 설계공모를 진행하는 방식으로 추진됐다. 노
들섬의 사례는 공간의 핵심 가치가 시설에 있지 않고 공간 운영에 있음
을 선언한 혁신적 시도로 평가받는다. 이후 설계팀이 작업을 진행하는
동안 음악 축제, 생태 복원, 서식지 조성 등 다양한 행사가 병행되었다.
2019년 준공을 앞두고 특화 공간에 대한 위탁 공모를 실시해 공간 운영
을 맡을 전문 민간조직인 '어반트랜스포머 컨소시엄'이 출범됐다.

자치구에 꽃피는 시민정원사

1990년대 태동한 시민 활동은 2010년대를 거치며 양적, 질적으로 급속
성장했다. 권위주의 시대를 벗어나 시민이 정치의 중심에 설 수 있었고,

지방자치 시대가 열리며 지방정부가 지역주민의 목소리를 경청했다. 이와 함께 산업화의 어두운 이면인 생태와 환경 문제가 사회적 이슈로 부각되면서 전문가 집단에 기반한 시민사회 단체의 활동이 두드러졌다.

특히 공원녹지 분야에서는 2013년 경기도와 서울시가 일반 시민을 대상으로 조경 교육을 시행한다. 서울시의 '시민조경아카데미'와 경기도의 '시민정원사' 인증 제도는 일반인이 소정의 교육을 마치면 공원 관리와 정원 조성 같은 활동에 다양한 방식으로 기여할 수 있게 한다. 지금도 서울시에서만 연간 200명 안팎의 인원이 배출된다. 지방정부가 프로그램을 제공하고 시민이 준전문가 집단을 이루는 협력 체계로 기능하나, 인력의 체계적 분배와 관리 면에서 어려움을 겪고 있기도 하다.

서울시의 경우, 시민정원사의 활동 무대가 주로 시가 직영하는 공원이나 시설에 치중되어 있고, 어떤 경우에는 거주지와의 거리 문제 등으로 긴밀한 활동이 어렵다는 현실적인 문제가 드러나고 있기도 하다. 이러한 문제는 결국 시민의 참여 활동이 거주 지역을 중심으로 재편되어야 함을 뜻한다. 서울시, 자치구, 전문 영역을 다루는 시민사회 단체, 그리고 지역주민이 참여하는 거버넌스의 구축이 필요한 이유다.

양천구는 2021년부터 도시 경영 전략으로 '문화도시'를 표방하면서 그 시작점으로 '정원도시, 양천'을 출범시켰다. 그 실천 전략의 하나인 '가꾸는 도시'를 위해 시민들의 체계적인 자원봉사 활동을 촉진시키는 플랫폼을 구축했다. 자원봉사 시스템인 '양천 공원의 친구들'은 올해 공원친구, 에코친구, 정원친구양천가드너, 놀이친구, 텃밭친구 등 다섯 개 분야로 시작했고, 향후 나무친구, 줍깅플로깅친구 등으로 확대할 예정이라고 한다. 현재 약 100명의 시민이 참여하고 있으며 나중에는 1000명까지 참여하는 자원봉사 플랫폼으로 육성한다는 목표를 가지고 있다.

양천구의 자원봉사 플랫폼인 '양천 공원의 친구들'은 갑자기 급조된 것이 아니다. 서울시가 꾸준히 배출한 시민정원사 중 지역에 거주하는 주민이 주축이 되었고, '자연의 벗', '생태보전시민모임', '서울그린트러스트', '어반정글' 같은 관련 분야 전문가들의 협력 체계가 이미 기능하고 있었다. 그리고 이런 가용 자원을 발굴하고 찾아내 결실로 이어지게 한 행정력이 있었기에 가능했다. 시민 참여에 기반하는 자원봉사 활동은 결국 가장 작은 단위의 지역부터 시작해야 동력을 잃지 않는다.

공원 전성시대

공원은 사회와 함께 진화한다. 최초의 공공 공원인 버컨헤드 공원의 탄생은 도시 노동자의 권익을 향상시키는 공장법이 1819년 영국에서 제정되고 리버풀 의회가 지방정부의 공적 자금을 공원 부지 매입 자금으로 사용하도록 승인한 1841년의 조치가 없었다면 불가능했을 것이다. 이러한 결정의 중심에 시민이 있었다. 뉴욕의 센트럴파크 역시 1851년 세계 최초로 제정된 공원법이 있었기에 광대한 공원 부지를 확보할 수 있었고 여론을 움직인 시민들이 있었기에 이러한 변화가 가능했다.

한국 조경 50년을 맞이한 우리는 현재 변화의 물결을 타고 있다. 공원 전성시대를 맞고 있다. 중앙정부와 지방정부가 나서서 '공원'을 선언하고 있다. 도시숲, 정원도시 같은 도시 브랜딩이 확산되고 있지만 그 본질은 공원에서 찾을 수 있다. 서구의 오랜 역사에서 정원이 한편의 신앙고백이었다면, 현재를 사는 우리에게 공원은 자연에 대한 고해성사다. 공원은 조경landscape architecture의 모태이며 조경이 공공성을 가지는 이유다. 그리고 그 중심에는 언제나 시민이 자리한다. 시민은 공원의 이용자에서 이제는 공원의 주체로 성장했다. 공원을 만들 수도, 관리할 수도, 운영할 수도 있게 되었다. 기후변화와 펜데믹의 위기를 통과하고 있는 지금, 공원에 대한 사회적 기대는 지속적으로 상승할 것이며 그 동력의 주체는 결국 시민사회가 될 것이다. 오랫동안 그래왔던 것처럼 건강한 시민들의 성숙한 집단지성이 있기 때문이다.

참고 자료

리처드 레이놀즈, 『게릴라 가드닝: 우리는 총 대신 꽃을 들고 싸운다』, 여상훈 역, 들녘, 2012.

심미승, "지역사회복지관점에서 로컬 거버넌스 특성 분석: 광주 푸른길 사례를 중심으로", 『한국콘텐츠학회논문지』 11(9), 2016.

심주영, 『서울숲공원 관리체계에 나타나는 공원 거버넌스 형성과정』, 서울대학교 대학원 박사학위논문, 2018.

조슈아 데이비드·로버트 해먼드, 『하이라인 스토리』, 정지호 역, 푸른숲, 2014.

케이티 머론 편, 『도시의 공원』, 오현아 역, 마음산책, 2015.

노들섬 https://nodeul.org

서울그린트러스트 https://www.greentrust.or.kr

서울숲공원 https://seoulforest.or.kr

원흥이두꺼비생태공원 http://www.cheongju.go.kr/wonheungi/index.do

뉴욕 하이라인 파크 https://www.thehighline.org

런던 왕립공원 https://www.royalparks.org.uk

버컨헤드 공원 https://birkenhead-park.org.uk

브라이언트 공원 https://bryantpark.org

센트럴파크 https://www.centralpark.com

센트럴파크 컨서번시 https://www.centralparknyc.org

텍스트로 읽는 한국 조경

남기준

부가기호 520번

아이가 태어나 출생 신고를 하면 주민등록번호가 부여된다. 개개인의 신원을 명확하게 하기 위한 번호여서 개인별로 고유하다. 책에도 그런 번호가 있다. 국제 표준 도서 번호가 그것인데, ISBN이라 불린다. 수많은 도서의 정보와 유통을 효율적으로 관리하기 위한 고유 번호이고 국제적으로 표준화되어 있다.

이제 막 출간될 단행본의 ISBN 번호를 뒤표지와 판권 면에 새겨 넣으며 몇 달 동안 품고 있던 아이를 세상에 내보내는 기분이 들 때가 있었다. 초보 편집자 시절에는 막연한 기대와 불안한 초조가 뒤범벅된 그 시간들이 좋으면서 싫었다. 특히 2012년까지는 그 감정들에 짜증이 한 움큼 더해졌다. ISBN '부가기호'를 부여해야 하는 순간마다 그랬다. 마지막 오케이 교정도 봐야 하고 출간 부수도 가늠해보고 제작 견적 받아 책값도 정해야 하고 보도자료도 준비해야 하는데, 다른 분야 같았으면 일도 아닐 ISBN 부가기호 정하느라 머리를 싸매야 했기 때문이다.

ISBN 고유 번호는 열세 자리인데, 책을 펴낸 국가, 발행자, 서명 식별 번호로 구성되어 있고 국제 ISBN 관리 기구가 배정해준다. 편집사가 전혀 고민할 필요가 없다. 그런데 다섯 자리밖에 안 되는 ISBN 부가기호는 발행처, 즉 출판사가 부여해야 한다. 다섯 자리 중 한 자리는 독자 대상 기호이고 다른 한 자리는 발행 형태 기호다. 이건 1초면 정할 수 있다. 마지막 세 자리가 문제인데, 바로 내용 분류 기호다. '총류, 철학, 종교, 사회과학, 자연과학, 기술과학, 예술, 언어, 문학, 역사' 등 열 가지 대분류 중에서 하나를 고르고, 선택한 대분류에 속해 있는 세부 분야 중에서 하나를 택하는 식이다. 예를 들어, 대분류에서 '예술'을 고른 후에 세부 분야 '조각, 공예, 서예, 회화, 도화, 판화, 사진, 음악, 공연, 오락, 스포츠' 중에서 하나를 고르면 부가기호가 완성된다. 멜빌 듀이가 도서관에서 책을 손쉽게 분류하기 위해 고안한 '듀이 십진분류법'과 같은 방식이다. 단, 우리나라에서는 듀이 십진분류법과 번호 위계가 약간 다른 '한국 십진분류법'을 사용하고 있다.

그런데 2012년까지 '조경'이란 두 글자는 한국 십진분류법 '세부 분야'에서 찾을 수가 없었다. 세상의 모든 잡다한 지식과 정보가 더할 나위 없이 세세하게 분류된 것처럼 보였던 세부 분야에 조경이 없다니! 1999년에는 ISBN을 부여하는 문헌번호센터에 따지듯 문의했다. 왜 조경은 없는가? 분류에 등재되어 있지 않으니 가장 유사한 세부 분야를 고르라는, 맥 빠지는 답변이 돌아왔다. 이 책은 '기술공학'이라는 대분류 아래 환경공학이나 도시공학에 분류할까, 아니면 농학이나 임업의 형제로 봐야 할까? '예술'이라는 대분류의 자식이라고 우겨보면 어떨까?

언젠가 책장의 책들을 표지 컬러별로 구분해서 꽂고 싶었다. 한 번 시도했었는데 실패했다. 초록색이나 빨간색처럼 컬러가 뚜렷한 책은 어렵지 않았는데, 그렇지 않은 컬러의 표지가 훨씬 많았다. 게다가 표지와 책등의 컬러가 다른 경우도 적지 않았다. 어차피 표지에는 제목이 쓰여 있으니, 사진 설명을 다는 대신 그동안 낸 책 중에서 표지 컬러나 이미지가 뚜렷한 책 32권을 골라서 컬러별로 분류해 보았다.

국문학과를 졸업한 초보 편집자에게 이런 시련을 안겨주다니. 조경 동네에 와보니 다들 조경은 종합과학예술이라고 하던데, 어쩌란 말인가. 백기를 드는 심정으로 환경공학과 도시공학이 모두 속해 있는 530번을 택할 때가 많았다. 조경 식물 관련 책은 '자연과학'이란 대분류 아래 따로 식물학이 있지만, 임업이 속해 있는 520번을 골랐다. 반면 건축공학, 건축 재료는 부가기호가 540번이고, 건축술과 건물 인테리어는 부가기호가 610번으로 별도 구분되어 있었다. 530번과 520번의 경계를 오가다 시기 어린 눈빛을 잠시 거두고 건축술이 속한 610번이나 예술 일반에 해당하는 600번, 조형예술이 자리한 620번을 기웃거리기도 했다.

　　그렇게 1999년부터 2012년까지 십 년 넘게 ISBN 부가기호와 씨름하다가 '조경'을 만나는 순간이 찾아왔다. 여느 때처럼 520번부터 620번 언저리를 들여다보고 있는데 조경이란 두 글자가 눈에 박힌 것이다. 번호는 520번! 드디어 조경이! 그렇게 지금 조경은 농학, 수의학, 수산학, 임업과 함께 520번 방의 맨 마지막 칸을 차지하고 있다. 이웃인 530번에는 공학, 공업 일반, 토목공학, 환경공학, 도시공학이 살고 있다. 누가, 왜 520번에 조경을 포함시켰을까? 궁금했지만 더 알아보지는 않았다. 종합예술과학이든 종합과학예술이든, 예술과 과학이 동거하는 세부 분류는 존재할 수 없으니까. 어느 대학의 조경학과는 공과대학에 속해 있고, 또 어떤 대학은 농과대학에 혹은 미술대학에 속해 있다. 그 흐릿한 혹은 포괄적인 어느 지점에 조경이 자리하고 있을 텐데, ISBN 부가기호는 단호하게 조경이 '기술과학'이라는 큰 우산 아래에서 농학, 임업과 함께 520번 방에서 살고 있다고 규정하고 있다. 그런데 조경이 520번을 배정받은 뒤에도 부가기호를 고를 때면 나는 여전히 고심한다. 520번 이외의 선택지는 없을까? 참, ISBN은 1969년에 국제표준화기구 ISO에 건의되어 채택되었고, 우리나라는 1991년에 가입했다.

도서출판 조경

1999년부터 조경 텍스트를 편집하기 시작했다. 어느 시기에는 잡지와 단행본을 함께 만들었고, 어떤 때는 단행본에만 집중했다. 도서출판 조경, 나무도시 출판사, 도서출판 한숲에서 약 120권 정도의 단행본을 편집했다. 한 해에 다섯 권 정도 편집한 셈인데, 단행본 에디터로서는 민망할 정도로 적은 양이다. 그래서 이 글을 쓸 때 처음에는 월간 『환경과조

경』특집을 분석해서 한국 조경 50년의 변화 양상을 살펴보려 했다. 그
편이 수월하다 싶었다. 그런데 2021년에 통권 400호를 맞아 진행한 여
러 기획과 중복을 피하기 어려워 보였다. 결국 단행본으로 선회했는데,
1972년부터 1998년까지 나온 조경 관련 단행본을 훑어볼 엄두가 나지
않았다. 더디게 시간이 흘렀다. 중복을 택할 바에야 반쪽짜리라도, 다
르게 가보기로 했다. 사실 더 큰 문제는 내가 편집하지 않은 무수히 많
은 조경 단행본을 제대로 알지 못한다는 점이지만 말이다.

　　월간 『환경과조경』은 1982년 7월에, 도서출판 조경은 1987년 11월
에 설립되었다. 도서출판 조경의 첫 책은 설립과 동시에 출간된 『아름다
운 정원』(김유일 외 엮음)이다. 1989년 5월에는 『한국의 가로수』(오휘영 외 엮
음)를, 1992년에는 『한국의 골프장 계획 이론과 실무』(김귀곤 외 지음)를 펴
냈다. 네 번째와 다섯 번째 책은, 지금으로부터 꼭 30년 전인 1992년에
경주와 무주에서 열린 제29차 세계조경가대회를 기념하여 기획된 『한
국 전통 조경 작품집』(1992 IFLA 한국조직위원회 엮음)과 『한국 현대 조경 작
품집』(한국조경학회 엮음)이다. 『한국 현대 조경 작품집』은 여러 면에서 이
책과는 다른 지점이 있지만 최소한 기획 의도만큼은 교집합이 넓다. 이
후의 모든 책을 다룰 수도 없고 또 그럴 필요도 없을 것 같아, 지극히 주
관적인 시선으로 선택한 몇 권의 책을 거칠게 훑어본다. 행간을 통해 한
국 조경의 변화가 읽힐 수 있을까, 나조차 궁금해 하면서 말이다.

『아름다운 정원』

1987년 출간된 도서출판 조경의 첫 책이다. 이 책은 『아름다운 주택정
원』이란 이름으로 1993년과 1996년에 각기 다른 버전으로 재출판되었

고, 내가 편집에 참여한 2001년에는 『한국조경작품총서①: 주택정원』
으로, 2007년에는 『주택정원 개정판』, 2015년에는 『가든 앤 가든』이
란 타이틀로 조금씩 옷을 갈아입으며 지속적으로 출판되었다. 모두 환
경과조경 편집부가 엮었고, 월간 『환경과조경』에 실린 정원 작품을 모
은 사례집이다. 유사한 책으로는 『현대 한국 조경 우수 작품집』, 『한
국조경작품총서②: 아파트조경』, 『PARK_SCAPE: 한국의 공원』이 있
다. 1999년에 나온 『현대 한국 조경 우수 작품집』에는 총 70작품 중
에서 단 두 작품만 아파트 조경이었는데, 2003년에는 아파트 조경만
모은 『한국조경작품총서②: 아파트조경』이 출간됐다. 2006년에 펴낸
『PARK_SCAPE: 한국의 공원』은 '한국조경작품총서③'으로 기획했
다가 'PARK_SCAPE'로 이름을 바꿔냈다. 사실 '공원'을 '한국조경작
품총서①'로 낼 수도 있었는데, 몇 년 더 기다리면 더 많은 공원을 묶을
수 있을 것 같아서 순위를 뒤로 미뤘다. 'PARK_SCAPE'는 'WATER_
SCAPE'(수경 공간), 'PLAZA_SCAPE'(광장), 'STREET_SCAPE'(가로 공간)
등의 시리즈를 염두에 두고 작명했는데, 두 번째 책을 내지 못했다. 대
신 2009년에 『ELA Annals 1』을, 2010년에 『ELA Annals 2』를, 2013
년에 『ELA Annals 3』를, 2018년에 『laK WORKS 1』을 펴냈다.

　2004년에 출간된 이성현·김소희의 『건강을 부르는 웰빙가든』,
2006년에 펴낸 김순자·김선혜의 『실내·외 정원 디자인』, 2010년 임춘
화의 『행복한 놀이, 정원 디자인』, 2012년 이성현의 『정원사용설명서』,
2017년 정상오·이성현의 『건축가의 정원, 정원사의 건축』, 2017년 김
봉찬의 『자연에서 배우는 정원』, 2020년 이병철의 『가든 플랜트 콤비
네이션』까지, 디테일에서는 확실한 차이가 있지만 크게 보면 정원이라

는 범주에 묶을 수 있는 책들이 꾸준히 출판되었다. 이 책들은 결이 다른 점도 많지만 하나의 분명한 공통점도 존재한다. 전문가뿐만 아니라 정원에 관심 있는 일반인을 주 독자층으로 설정했다는 점이다. 건강, 웰빙, 행복, 놀이, 자연, 콤비네이션 등 키워드의 변주도 눈에 띈다.

『현대 조경설계의 이론과 쟁점』

2004년에 출간된, 내가 편집한 열네 번째 책이지만, 내가 담당했던 잡지 연재가 단행본으로 묶인 첫 번째 책이다. 편집자로서의 경험이 일천했던 당시의 나는, 단행본으로 펴내자고 연락한 필자 배정한에게 한껏 걱정스러운 표정으로 속삭이듯 물었다. 조경 동네의 잡지 독자층과 단행본 독자층이 다르지 않을 텐데 잡지에 연재했던 걸 책으로 묶으면 누가 사볼까요? 내 예상은 시원하게 빗나갔다. 타 분야와 비교하면 미미한 수준이라고 할 수 있지만 이 책은 4쇄까지 펴냈다.

이 책의 뿌리는, 1998년 조경의 대안적 담론 공간을 모색하며 조경진, 박승진, 배정한이 공동 편집장으로 참여하고 정영선이 발행을 맡아 2호까지 펴낸 『Locus』라 할 수 있다. "세기말은 우리 조경가에게 그 어느 때보다도 많은 과제를 부여하고 있다. 조경은 자연과 문화 사이의 무너진 다리를 복구시켜야 한다. 조경은 인간과 땅 사이의 본래적 관계성을 회복시켜야 한다. 조경은 예술과 환경을 중개하는 실험적 실천을 선도해야 한다. 조경은 우리의 공간과 장소에서 사라져 버린 아름다움과 힘과 뜻을 되살려야 한다"라는 문장으로 시작되는 『Locus』 1호의 서문은 참 근사했다. 그리고 가지인지 열매인지 꽃인지는 확신할 수 없지만, '조경비평 봄'이 함께 써서 2006년에 펴낸 『봄, 조경 사회 디자인』, 2008년에 출간한 『봄, 디자인 경쟁시대의 조경』, 2010년에 나온 『공원을 읽다』, 2013년의 『용산공원: 용산공원 설계 국제공모 출품작 비평』으로 이어졌다. 2007년에 출간된 '조경비평집' 타이틀을 내건 배정한의 『조경의 시대, 조경을 넘어』도 기억할 만하다.

함께 기록해둘 만한 책으로는 『LAnD: 조경 미학 디자인』(조정송 외 지음, 2006), 『랜드스케이프 어바니즘』(찰스 왈드하임 지음, 김영민 옮김, 2007), 『라지 파크』(줄리아 처니악·조지 하그리브스 엮음, 배정한 외 옮김, 2010), 『스튜디오 201, 다르게 디자인하기』(김영민 지음, 2016), 『도시에서 도시를 찾다』(김세훈 지음, 2017), 『경관이 만드는 도시』(찰스 왈드하임 지음, 배정한·심지수 옮김, 2018), 『그리는, 조경』(이명준 지음, 2021)이 있다.

273

『한국 전통 조경』

2005년에 나온 정재훈의 이 책은 월간『환경과조경』에 1990년 5월부터 "한국의 옛 조경"이란 타이틀로 연재된 내용을 바탕으로 1996년에 초판이 나온『한국 전통의 원』의 개정 증보판이다. 그런데 단순히 개정 증보판이라 칭하기에는 억울한 저자의 노력이 많이 담겨 있다. 쉽게 구할 수 없는 도면과 사진을 담기 위해 애쓴 저자의 열정과 애정이 오래도록 마음에 남아 있다.『한국 전통 조경 구조물』(박경자 지음, 1997),『오늘, 옛 경관을 다시 읽다』(최기수 외 지음, 2007),『신의 정원, 조선 왕릉』(이창환 지음, 2014),『사찰 순례』(조보연 지음, 2018) 등 전통을 키워드로 한 단행본은, 굳이 조경 분야가 아니더라도 보편적인 출판 아이템 중 하나다.

『고정희의 독일 정원 이야기』

2005년이었는지 아니면 그 전 해였는지, 기억이 정확하지 않다. 그 언저리의 어느 날이었고, 겨울이었다. 모임에 참석했던 누군가 "정원 일은 봄이 아니라 겨울부터 시작되는 법"이라며 정원 책을 위해 마련된 겨울 모임을 반겼다. 세 명의 필자와 한 명의 편집자가 마주 앉아 세 시간여 이야기를 나누었고, 자리가 파할 무렵 새로운 기획안이 싹텄다. 세 명의 저자가 삼분의 일씩 맡아 『유럽 정원박람회를 가다』란 제목의 책을 펴내려던 애초의 구상을 백지화한 대신, 세 명의 필자가 각기 한 권씩의 책을 따로 펴내기로 한 것이다. 첼시 플라워 쇼로 대표되는 영국의 다양한 정원 축제와 매년 개최 장소가 바뀌는 독일의 정원박람회는 그 배경과 성격이 꽤 상이하고, 각각 한 권의 책으로 묶을 수 있을 만큼 관련 내용이 풍부하다는 결론에 도달했기 때문이다. 프랑스를 맡기로 한 권진욱 역시 쇼몽 가든 페스티벌과 관련된 자료 축적이 상당한 상태였다. 그렇게 해서 『영국의 플라워 쇼와 정원 문화: 정원 디자인의 최신 경향과 실험적 사례들』(윤상준, 2006년 4월 15일 출간)과 『고정희의 독일 정원 이야기: 정원박람회가 만든 녹색도시를 가다』(고정희, 2006년 6월 10일 출간)를 두 달 간격으로 잇따라 펴냈다. 권진욱의 『쇼몽 가든 페스티벌과 정원 디자인』은 자료를 대폭 보완한 뒤 2012년 9월에 출간되었다.

　　고정희가 펴낸 2011년의 『신의 정원, 나의 천국: 고정희의 중세 정원 이야기』와 2012년의 『식물, 세상의 은밀한 지배자』, 2013년에 고정희가 옮긴 『일곱 계절의 정원으로 남은 사람』과 『내 아버지의 정원에서 보낸 일곱 계절』, 2018년에 출간된 『100장면으로 읽는 조경의 역사』 등 이야기꾼 고정희의 다음 이야기는 언제나 기대된다.

2011년에 나온 『윤상준의 영국 정원 이야기』, 이준규가 쓴 『영국 정원에서 길을 찾다』(2014) 등도 켤레 관계의 저작으로 볼 수 있다. 노회은이 여러 필자들과 의기투합해 기획한 『테마가 있는 정원 식물』(2014), 『꽃보다 아름다운 잎』(2016), 『꽃보다 아름다운 열매·줄기』(2019) 시리즈는 『조경수에 반하다』(강철기 지음, 2021)와 닮았으면서 다르다.

지금껏 펴냈던 정원 책 중에서 단 한 권의 책을 추천해달라고 한다면 (누가 묻느냐에 따라 답이 많이 달라지겠지만) 『정원을 말하다』(로버트 포그 해리슨 지음, 조경진·황주영·김정은 옮김, 2012)를 꼽을 것이다. 인문학을 전공한 한 친구는 "무슨 정원 책이 컬러 사진 한 장 없냐"며 책을 추천해준 내게 짜증을 내기도 했고, 문학청년을 꿈꿨던 친구도 열 쪽을 넘기기 힘들다며 힐난했지만 말이다. 심지어 담당 편집자였던 나 역시 세 번째 편집본을 읽을 때까지 꽤 막막했었다. 그래서, 정원이 뭐 어떻다는 거야? 이런 메아리 없는 외침을, 만나본 적도 없는 지은이에게, 몇 달 동안 연락을 주고받던 옮긴이에게 (들리지 않게) 해대면서 말이다.

『텍스트로 만나는 조경』

2007년에 월간 『환경과조경』 창간 25주년을 기념해 펴낸 이 책은 기획에 꽤 공을 들였다. 콘셉트는 '조경학과 진학을 고민하는 고3 수험생에게 권해주고 싶은 책'이었다. 또 다른 목표는 '조경이란 무엇인가에 대한 알기 쉬운 대답' 그리고 '비전공자가 부담 없이 보고 조경을 이해할 수 있는 교양서'였다. 그 목표를 달성했는지는 확신할 수 없지만, 나름의 성과는 있어서 지금까지 8쇄를 찍었다. 서문의 마지막 문장을 옮겨 본다. "조경은 텍스트로는 만날 수 없다. 조경의 결과물이 있는 그곳으로, 시간을 들여 몸을 움직여 가야 느낄 수 있다. 조경 공간은 완성도 없다. 구름이 움직이고 나무가 자라고 그림자가 드리우고 풀이 눕고 바람이 불고 꽃이 피고, 그 무엇보다 사람들이 어떤 방식으로 이용하는가에 따라 변화하고 자라나는 유연한 곳이다. 그러기에 오직 어떤 시점의 순간만을 체험할 수 있을 뿐이다. 이 불확정적이며 가변적인 곳에서 무얼 느끼고 무엇을 할지는 당신의 몫이다. 다만 이제부터 시작되는 열세 편의 텍스트가, 조경을 만나러 가라고 당신 마음에 불을 지필 수만 있다면 더 바랄 것이 없겠다."

2013년에 출간된 진양교가 쓴 『건축의 바깥: 조경이 만드는 외부공간 이야기』의 마지막 페이지는 이렇게 끝난다. "이 책의 작은 욕심은 이 책의 내용이 더 깊고 넓은 조경의 영역으로 나아가기를 원하는 사람들에게 좋은 안내서 역할을 하는 것이다. 이 책이 조경으로 가는 즐거운 시작이고 첫걸음이 되었으면 좋겠다는 희망을 다시 한 번 전한다."

"조경가를 꿈꾸는 이들을 위한"이란 부제가 붙은 『조경 설계 키워드 52』(팀 워터맨 지음, 조경작업소 울 옮김, 2011), 『키워드로 만나는 조경』(양병이 외 지음, 2011), 『조·경·관』(임승빈 외 지음, 2013), 『도시를 건축하는 조경』(박명권 지음, 2018), 『이어 쓰는 조경학 개론』(이규목 외 지음, 2020), 『한국 조경의 새로운 지평』(성종상 엮음, 2021)도 조경의 다양한 특성에 대한 이해를 돕는다. 공원에 대한 무한 상상을 담은 온수진의 『2050년 공원을 상상하다』(2020)는 서른 가지 키워드만으로도 공부가 된다.

『우연한 풍경은 없다』

2011년에 출간된 이 책의 제목은 저자가 지었다. 가장 마음에 드는 제목 중 하나다. 문제의 부가기호는 03530이다. 첫 자리 0은 '교양' 도서를 의미한다. 보통 조경 서적은 '전문' 도서에 해당하는 9번을 부여하는 경우가 많은데 '어느 조경가와 공공미술가의 도시 탐구'란 부제가 붙은 이 책은 주저 없이 0을 택했다. 두 번째 자리 3은 출판 형태가 단행본임을 의미한다. 다시 문제의 세 번째 자리에서 에세이를 고를까 고민하다가 결국 도시공학이 포함된 530을 골랐다. "춤을 추며 하늘로 하늘로 향하는 산동네의 계단, 동네 정자에서 마늘을 까시기도 하고 식사도 하시는 할머니들, 재래시장 파라솔 아래에서 갑작스레 만나게 되는 빛의 향연! 도시에서 우연히 만나게 되는 풍경들이다. 그런데 만남은 우연일지 몰라도, 풍경 자체는 우연일 수 없다. 우리네 이웃들의 삶에서 비롯된 어떤 필연성이 종으로 횡으로 직조되어 그려낸 것들이다. 리듬감 있

는 산동네 계단은 서울이라는 대도시에서 살아남고자 했던 이들이 빚어낸 삶의 결이고, 할머니들의 잠재적 에너지는 평범한 정자를 일터로, 식당으로 변신시켰다. 또 태양 빛을 가리려는 상인들의 고군분투가 시장 길을 빛의 길로 만들어냈다." 이렇게 시작하는 글은 어디에 속한다고 봐야할까?

"영화로 읽는 도시 풍경"이란 부제가 달린 서영애의 『시네마 스케이프』(2017), 사진을 매개로 일상과 시간, 이미지와 상상 그리고 장소를 다룬 주신하의 『이미지 스케이프』(2022)는 관련 도서의 외연을 한 뼘쯤 넓힌 저작들이다. 제목만으로는 내용을 쉽게 짐작할 수 없는 『철새협동조합』(김아연 외 지음, 2012)은 과정과 형식 모두 기억에 남는 결과물이다.

『현대 한국 조경 우수 작품집』

사실은 이 책을 첫 번째 책으로 꼽았어야 했다. 1999년 입사해서 편집자로 참여한 첫 번째 단행본이었다. 선배들이 주로 편집했고, 나는 거드는 수준이었다. 양장 제본한 406쪽 분량의 제법 두꺼운 작품집이었는데, 『환경과조경』에 1985년 9월부터 1999년 6월까지 실린 근작과 수상작 중에서 대표작을 골라 내용을 꾸렸다. 크게 세 파트로 구성했는데 '건물 주변 조경' 파트에 과천 코오롱 타워, 대한주택공사 신사옥, 예술의 전당 등 22작품이, '공원' 파트에 길동생태공원, 여의도공원, 여의도샛강생태공원, 파리공원 등 26작품이, '기타 조경' 파트에 광화문 시민열린마당, 남원 음악분수대, 오크밸리, 에버랜드, 희원 등 22작품이 실렸다. 앞서 소개한 것처럼 총 70작품 중에서 아파트 조경은 2작품만 실렸다. 이 책이 1985년부터 1999년까지 14년 동안의 주요 작품을 담고 있다면, 앞서 소개한 1992년에 출간된 『한국 현대 조경 작품집』은 1963년에서 1992년 사이의 대표작을 수록하고 있다. 제29차 세계조경가대회를 계기로 기획된 이 책은, 한국조경학회 IFLA 준비위원회 편집위원 아홉 명과 작품집 출판을 후원한 칠암조경회가 추천한 세 명이 작품을 추천하고 선정했다.

한국 현대 조경 대표작

단행본은 아니지만 이 책 3부에 실은 '한국 현대 조경 대표작 50'처럼 시기별로 주요 작품을 선정하는 작업들이 몇 차례 있었다. 글을 마무리하며 그 결과를 정리해 담는다.

1992년, 한국조경학회, 『한국 현대 조경 작품집 1963-1992』

안양컨트리클럽, 제일합섬 구미공장, 설악산 국립공원, 경주보문관광단지, 온양민속박물관, 용평리조트, 자연농원 문화지구, 진주성지, 서울대공원, 과천경마장, 한강시민공원, 독립기념관, 광양제철 주거단지, 삼성생명보험 본사, 국립현대미술관, 서울랜드, 아시아선수촌아파트, 을지로 재개발, 제일은행 본점, 올림픽공원, 목동아파트, 대학로(가로공원), 아시아공원, 한국전력본사, 여미지식물원, 광주문화예술회관, 국제방송센터, 파리공원, 럭키금성트윈타워, 상공회의소, 인화원, 예술의 전당, 안국화재보험 본사, 한국종합무역센터, 서울법원청사, 전주박물관, 제주 신라호텔, 경주 힐튼호텔, 서대문 독립공원, 한려·서남해국립공원, 중계 쌈지공원, 용산가족공원, 일산 신도시 공원, 산본 신도시 쇼핑몰, 엑스포아파트단지, 제주조각공원(년도 미상), 월악산국립공원·충주호(년도 미상). 이상 1968년부터 1992년까지 완공 연도순이 아닌 설계가 완료된 순서로 정리했다.

1995년, 김영대, "현대 한국 조경작품의 설계 경향에 관한 연구", 『한국 조경학회지』 23(2)

올림픽공원, 파리공원, 한국종합무역센터, 현충사, 경주 힐튼호텔, 분당 중앙공원, 경주보문단지, 용산가족공원, 예술의 전당, 중계쌈지공원

2005년, 『환경과조경』 201호, 특별기획 "열 개의 공간, 다섯 가지 시선"

① 한국 현대 조경을 대표하는 작품: 선유도공원, 올림픽공원, 하늘공원, 일산호수공원, 길동자연생태공원, 평화의공원, 여의도공원, 파리공원, 양재천, 희원

② 작품의 규모와 상관없이 디자인이 가장 우수한 작품: 선유도공원, 희원, 파리공원, 평화의공원, 하늘공원, 경주 힐튼호텔, 알로에마임 비전 빌리지, 아셈 및 종합무역센터, 국세청 앞 광장, 일산호수공원

③ 한국 조경의 패러다임 변화에 기여한 작품: 선유도공원, 길동자연생태공원, 양재천, 파리공원, 하늘공원, 올림픽공원, 여의도샛강생태공원, 하늘동산21, 서울시내 쌈지공원, 덕수궁 보행자거리, 대구 담장허물기

④ 사회적으로 조경의 위상을 높인 작품: 선유도공원, 올림픽공원, 하늘공원, 여의도공원, 평화의공원, 양재천, 길동자연생태공원, 서울월드컵경기장, 일산 호수공원

⑤ 시민들의 일상생활에 큰 영향을 미친 조경 공간: 양재천, 일산 호수공원, 서울시내 쌈지공원, 선유도공원, 여의도공원, 올림픽공원, 대구 담장허물기, 분당중앙공원, 하늘공원, 덕수궁 보행자거리, 평화의공원, 한강시민공원

2012년, 『환경과조경』 291호, 창간 30주년 기념 "조경가들이 뽑은 시대별 작품 베스트"

① 1982~1989년: 올림픽공원, 파리공원, 서울대공원, 한국종합무역센터, 아시아공원, 용평리조트, 대한교육보험(현 광화문 교보빌딩), 아시아선수촌, 한국전력공사, 제일은행 본점, 동방생명보험(현 태평로 삼성생명), 대한상공회의소, 라마다 르네상스 호텔, 여의도 문화방송, 중앙일보

② 1990~1999년: 일산호수공원, 길동자연생태공원, 양재천, 여의도공원, 희원, 여의도샛강생태공원, 용산가족공원, 무주리조트, 독립공원, 엑스포과학공원, 광화문 시민 열린마당, 영등포공원, 용마폭포공원, 국립 5.18민주묘지, 국립 4.19민주묘지, 대법원, 럭키금성 트윈타워, 국제방송센터(현, 여의도 KBS 신관), 천호동공원

③ 2000~2005년: 선유도공원, 서울숲, 월드컵공원, 청계천, 한국종합무역센터, 인천국제공항, 알로에마임 비전빌리지, 회산 백련지, 제주국제컨벤션센터, 고려대학교 중앙광장, 노블카운티, 교육비전센터, 수원 연화장, 진주 남가람 역사의 거리, 영남대학교 천마지문

④ 2006~2012년: 북서울꿈의숲, 광화문광장, 서서울호수공원, 울산대공원, 국립중앙박물관, 여의도한강공원, 송도센트럴파크, 난지한강공원, 동탄센트럴파크, 휘닉스 아일랜드, 뚝섬한강공원, 반포한강공원, 교

원드림센터, 외환은행 본점, 야우리 조각광장

2022년, 한국 조경 50주년 기념 및 『환경과조경』 창간 40주년 기념, "한국 현대 조경 대표작"

경의선숲길, 서울숲, 선유도공원, 청계천, 아모레퍼시픽 본사 신사옥, 노들섬, 화담숲, 광교호수공원, 순천만국가정원, 서울식물원, 서울로 7017, 광화문광장, 올림픽공원, 서서울호수공원, 베케정원, 동대문디자 인플라자, 북서울꿈의숲, 희원, 문화비축기지, 송도센트럴파크, 하늘공 원, 브릭웰정원, 디에이치 아너힐즈, 길동자연생태공원, 경춘선숲길, 양 재천, 오설록 티뮤지엄 및 이니스프리 제주 하우스, 덕수궁 보행로, 사 우스케이프 오너스 클럽 클럽하우스와 호텔, 일산호수공원, 여의도공 원, 여의도한강공원, 서소문역사공원, 경주보문단지, 서울어린이대공 원, 반포한강공원, 동탄호수공원, 부산시민공원, 국립세종수목원, 파리 공원, 미사강변센트럴자이, 래미안신반포팰리스, 배곧생명공원, 여의도 샛강생태공원, 경주힐튼호텔, 국채보상운동기념공원, CJ 블로썸 파크, 울산대공원, 세종중앙공원, 국립아시아문화전당

3부

한국 현대 조경 50

한국 조경 50주년을 맞아 한국조경학회는 월간 『환경과조경』, 한국조경설계업협의
회와 함께 한국 조경을 대표하는 작품을 선정했다. 2021년 4월 19일부터 5월 21일
까지 한국조경학회 회원, 한국조경설계업협의회 회원, 조경설계 전문가를 대상으로
설문조사를 진행했고, 303명의 전문가가 참여했다.

설문조사 후보작 목록은 『환경과조경』 통권 201호 기념 설문조사 '한국 현대 조
경 대표작 50'(2005년)과 창간 30주년 기념 설문조사 '조경가들이 뽑은 시대별 작품
베스트'(2012년)의 결과, IFL 어워드 수상작, ASLA 어워드 수상작, 환경과조경 편집
위원회와 한국조경학회 한국조경50 편집위원회의 추천을 바탕으로 작성했다.

책의 3부에는 이 설문조사 결과 '한국 현대 조경 50'에 선정된 작품을 싣는다.
지난 50년의 시대상과 경향이 담긴 다음 지면이 한국 조경의 현재를 진단하고 미래
를 가늠해보는 기회가 되기를 기대한다. 각 작품에 대한 보다 상세한 설명과 정보는
『환경과조경』 통권 404호(2021년 12월호)에서 볼 수 있다.

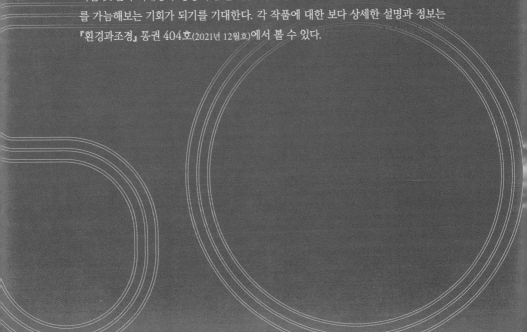

경의선숲길

설계 동심원조경기술사사무소, LUL, 조성룡
시공 한일개발, 우보건설
감리 유신
발주 서울시
위치 서울시 마포구 연남동 ~ 용산구 문화체육센터
완공 2016. 7.

규모(길이, 면적)
연남동 구간: 1,310m, 28,500m²
염리동 구간: 160m, 4,820m²
새창고개 구간: 630m, 19,580m²
와우교 구간: 370m, 8,650m²
신수동 구간: 420m, 8,800m²
원효로 구간: 360m, 7,900m²

서울숲

설계 동심원조경기술사사무소, 대우엔지니어링, 조경진
시공 현대건설, 삼성물산 건설부문
조경공사 승암개발, 청산조경, 부영조경, 부여조경,
아아조경, 장원조경, 신평씨엔디, 청우개발,
유일조경건설

감리 신진엔지니어링종합건축사사무소
발주 서울시
위치 서울시 성동구 뚝섬로 273
개원 2005. 6.
면적 1,156,498m²

선유도공원

조경설계 조경설계 서안
건축설계 조성룡도시건축
토목설계 및 측량 다산설계
조경시공 유성건설
감리 토펙엔지니어링건축사사무소

발주 서울시
위치 서울시 영등포구 선유로 343
개원 2002. 4.
면적 110,407m²

청계천

설계 조경설계 서안+mikyoung kim design(1공구),
신화컨설팅(2공구), 동명기술공단종합건축사사무소+
쌍용엔지니어링(3공구), CA조경기술사사무소(4공구)
시공 대림산업+삼성건설+삼호(1공구),
GS건설+현대산업개발(2공구), 현대건설(3·4공구)

감리 서영엔지니어링(1·4공구), 제일엔지니어링(2공구),
청석엔지니어링(3공구)
발주 서울시
위치 서울시 중구 태평로 ~ 성동구 마장동
개장 2005. 10.
규모 총연장 5.84km

아모레퍼시픽 본사 신사옥

건축설계 DCA, 해안건축
조경설계 조경설계 서안, 디자인 스튜디오 loci
조경시공 현대건설
시공감리 건원
조경식재 정한조경
조경시설물 대화조경

발주 아모레퍼시픽
위치 서울시 용산구 한강대로 100
완공 2017. 12.
대지면적 14,525.7m²
조경면적 2,746.7m²

290

노들섬

건축설계 엠엠케이플러스, 토포스건축사사무소
조경설계 동심원조경기술사사무소
건축시공 거성토건, 신성종합건설
조경시공 마방건설
운영 어반트랜스포머, 플랙스앤코

발주 서울시
위치 서울시 용산구 양녕로 445
개장 2019. 9.
대지면적 119,854m²
건축연면적 9,349m²

화담숲

설계 동심원조경기술사사무소, 환경디자인 아르떼
시공 서브원
발주 LG상록재단

위치 경기도 광주시 도척면 도척위로 278
개원 2013. 6.
면적 165,000m²

광교호수공원

설계 신화컨설팅
시공 삼성물산, 한일개발, 가람엘앤씨
조경식재 장원조경, 부여조경, 아세아조경
조경시설물 청우개발, 아세아조경
수경설비 레인보우스케이프, 아세아조경

발주 경기도시개발공사
위치 경기도 수원시 원천호수, 신대호수 일대
완공 2013. 4.
면적 2,025,535m²

순천만국가정원

설계 가원조경기술사사무소, 성호엔지니어링, 동호, 김아연
순천호수정원 설계 찰스 젱스(Charles Jencks)
발주 순천시

위치 전라남도 순천시 오천동, 풍덕동, 해룡면 일원
개원 2013. 4.
면적 1,110,000m²

서울식물원

조경설계 조경설계 서안
건축설계 삼우종합건축사사무소, 서영엔지니어링
시공 계룡건설산업, 쌍용건설
발주 서울시

위치 서울시 강서구 마곡동로 161
개원 2019. 5.
면적 504,000m²

서울로 7017

건축설계 MVRDV, 디자인캠프 문박 디엠피
조경설계 MVRDV, 한국종합기술
구조설계 삼안
조명설계 MVRDV, 나남에이엘디
발주 서울시

위치 서울역 고가도로(서울시 중구 남대문로 일대)
완공 2017. 6.
길이 938m
면적 9,661m^2

광화문광장

설계 조경설계 서안
시공 대림산업, 삼성에버랜드
발주 서울시
위치 서울시 종로구 세종로동 세종로 및 사직로 일원

개장 2009. 8.
면적 94,000m²
연장 557m(청계천 연결구간 포함 740m, 폭 34m)

올림픽공원

기본계획 및 설계 서울대학교 환경계획연구소
실시설계 삼정건축, 우보기술단
시공 동아건설(1공구), 덕수종합조경(2공구),
공영토건(3공구)

발주 서울시
위치 서울시 송파구 올림픽로 424
완공 1986. 5.
면적 1,447,122m^2

서서울호수공원

설계 씨토포스
시공 광성산업개발, 태상조경
발주 서울시

위치 서울시 양천구 남부순환로64길 26
개원 2009. 10.
면적 225,368m²(정수장 136,772m², 능골산 88,646m²)

베케정원

조경설계 더가든
조경시공 더가든
기획 최정화
건축설계 차재
건축시공 내츄럴시퀀스

조경시설물 예건, 영재기업
위치 제주도 서귀포시 효돈로 48
준공 2018. 6.
면적 8,420m²

동대문디자인플라자

건축설계 자하하디드아키텍츠, 삼우종합건축사사무소
조경설계 Gross Max, 동심원조경기술사사무소
문화재설계 금성건축사사무소
시공 삼성물산, 삼성엔지니어링, 테라텔레콤
CM/감리 건원엔지니어링 컨소시엄
발주 서울시

위치 서울시 중구 을지로 281
완공 2014
대지면적 62,260m²
건축면적 25,104m²
연면적 86,574m²

북서울꿈의숲

설계 씨토포스, IMA Design, 건축사사무소 시간
시공 화성산업
발주 서울시

위치 서울시 강북구 월계로 173
완공 2009. 10.
면적 662,627m²

희원

조경설계 조경설계 서안
조경시공 삼성에버랜드(전 중앙개발)
건축 조성룡도시건축
발주 삼성문화재단

위치 경기도 용인시 포곡면 호암미술관 내
개원 1997. 5.
면적 66,446m²

문화비축기지

건축설계 허서구, RoA건축사사무소
조경설계 KnL 환경디자인 스튜디오, 디스퀘어
시공 텍시빌, SG신성건설
발주 서울시
위치 서울시 마포구 증산로 87

개장 2017. 9.
대지면적 106,824.61m²
건축면적 5,597.77m²
연면적 7,529.47m²

송도센트럴파크

설계 유신코퍼레이션, 도화종합기술공사, 한서기술단
시공 SK건설, 풍림산업, 원광건설, 송산엘앤씨,
송림건설
감리 선진엔지니어링, 창원기술단

시행 인천경제자유구역청
위치 인천시 연수구 컨벤시아대로 160(송도신도시 일원)
개장 2009. 8.
면적 해돋이공원 213,716m², 미추홀공원 160,099m²

하늘공원

기본계획 밀레니엄공원 기본계획위원회(진양교)
조경설계 유신 코퍼레이션
조경시공 반도환경개발
발주 서울시 공원녹지관리사업소

위치 서울시 마포구 하늘공원로 95
완공 2002. 4.
면적 191,735m²

브릭웰 정원

건축설계 SoA   **건축주** 기산과학
조경설계 디자인 스튜디오 loci   **위치** 서울시 종로구 자하문로길 18-8
조경시공 태극조경   **준공** 2020. 6.

디에이치 아너힐즈

조경기본설계 그룹한 어소시에이트
조경특화설계 기술사사무소 예당
시공 현대건설
식재 남도조경
조경시설물 원앤티에스, 가이아글로벌
정원특화 정욱주, 이남철

미술장식품 김병진, 신타 탄트라, 현대리바트
위치 서울시 강남구 삼성로 11길
완공 2019. 8.
대지면적 57,329m²
조경면적 22,532m²

길동자연생태공원

설계 서울시립대학교 부설 수도권개발연구소,
토문엔지니어링건축사사무소
시공 대림흥산
발주 서울시 공원녹지관리사업소

위치 서울시 강동구 천호대로 1291
개원 1999. 5.
면적 80,683m²

경춘선숲길

설계 조경설계 서안
시공 SK임업, 승일토건 등
발주 서울시
위치 서울시 노원구 월계동 ~ 공릉동

개원 2019. 5.
연장 6km
면적 184,845m^2

양재천

설계 극동건설, 한림환경엔지니어링(식생호안), 경남기업(하천수질개선), 다산컨설턴트(습지생태공원)
시공 삼성에버랜드(습지생태공원) 외
자문 최정권
발주 서울시 강남구청
위치 서울시 강남구 양재천 3.5km 구간(영동2교 ~ 학여울 탄천 합류부)

완공 1998. 9.(양재천 공동개발 종료)
친수공간 조성: 1999. 8.
저습지 조성: 2001. 5.
하천연장 15.6km
길이 3.5km(영동2교 ~ 탄천 합류부)
면적 491,022m²

오설록 티뮤지엄 · 이니스프리 제주

건축설계 매스스터디스
조경설계 조경설계 서안, 디자인 스튜디오 loci
조경감리 디자인 스튜디오 loci
조경시공 대산조경

위치 제주도 서귀포시 안덕면 신화역사로 15
완공 2012.
면적 10,000m^2

덕수궁 보행로

설계 김성균
발주 서울시
위치 서울시 중구 정동 덕수궁길(1차 구간: 대한문 ~ 옛 대법원, 2차 구간: 옛 대법원 ~ 경향신문사)

완공 1997(1차 구간), 1998(2차 구간)
연장 900m(1차 270m, 2차 630m, 폭 9~20m)

사우스케이프 오너스 클럽

건축설계 매스스터디스(클럽하우스),
조병수건축연구소(호텔동)
조경설계 조경설계 서안, 디자인 스튜디오 loci
조경감리 김미연

조경시공 대산조경
위치 경상남도 남해군 창선면 흥선로 1545
완공 2013. 11.
조경면적 약 33,000m²

일산호수공원

기본설계 신화컨설팅(정발산공원, 미관광장, 호수공원)
실시설계 쌍용엔지니어링
시공 두산건설, 신일종합조경
발주 한국토지개발공사
위치 경기도 고양시 일산동구 호수로 595(일산
16~18호 도시근린공원)

완공 1995. 12.
면적 1,040,146m²
호수면적 300,000m²
담수용량 453,000m³

여의도공원

설계 한우드엔지니어링

시공 1공구: 세광기업, 삼흥조경, 대우종합조경,
유일종합조경, 임원개발(구 임원조경) / 2공구: 삼호(구
대림흥산), 반도환경개발

발주 서울시

위치 서울시 영등포구 여의공원로 68

완공 1999. 1.

면적 229,539m²

여의도한강공원

설계 신화컨설팅, 조경설계 비욘드
시공 금호건설
발주 서울시
위치 서울시 영등포구 여의동로 330

완공 2009. 12.
면적 785,000m²
연장 3.5km

서소문역사공원

건축설계 건축사사무소인터커드,
보이드아키텍트건축사사무소, 레스건축
조경설계 아뜰리에나무
시공 동부건설
발주 서울시

위치 서울시 중구 칠패로 5
완공 2019. 5.
대지면적 21,363m²
건축면적 385.07m²
연면적 24,526.47m²

경주보문단지

계획 경주관광개발계획단
개발 경주관광개발공사
시공 경주개발건설사무소

위치 경상북도 경주시 신평동 일대
완공 1979. 4.
면적 약 7,933,844m²

서울어린이대공원

설계 박병주, 장문기, 엄덕문(팔각정 및 정문),
김세중(분수대), 나상기+이광로(식물원 및 동물원)
발주 서울시

위치 서울시 광진구 능동로 216
개원 1973. 5.
면적 719,400m²

반포한강공원

설계 CA조경기술사사무소, 대우엔지니어링
시공 남영건설
조경 시공 태림랜드
수경 시설 HSM엔조이워터, 협신엔지니어링, 일등산업

위치 서울시 서초구 반포2동 신반포로11길 40(반포대교/
잠수교 일원)
완공 2009. 4.
면적 394,000m²(남단 376,000m², 북단 18,000m²)

동탄호수공원

설계 씨토포스
시공 화성산업
발주 경기주택도시공사

위치 경기도 화성시 동탄순환대로 69
완공 2018. 8.
면적 545,058m²

부산시민공원

총괄 및 조경설계 유신
기본 구상 James Corner Field Operations
시공 화성산업
감리 유신, 길평

발주 부산시
위치 부산시 부산진구 시민공원로 73
개원 2014. 5.
면적 470,748m²

국립세종수목원

조경설계 도화엔지니어링, 조경설계사무소 온
건축설계 종합건축사사무소 건원, 엠에이피한터인
종합건축사사무소
시공 대림산업, 금호산업, 고려개발, 삼성물산
감리 무영씨엠건축사사무소, 이가에이씨엠건축사사무소

위치 세종시 연기면 수목원로 136
완공 2020. 5.
대지면적 649,997m²
건축면적 22,462m²

파리공원

기본계획 서울대학교 환경대학원 부설
환경계획연구소(유병림, 황기원, 양윤재)
기본 및 실시설계 조경설계 서안
시공 대능종합조경

발주 서울시
위치 서울시 양천구 목동 906번지
개원 1987. 7.
면적 29,618m²

미사강변센트럴자이

조경설계 그룹한 어소시에이트, 니얼 커크우드(Niall
Kirkwood), 한국그린인프라연구소
건축설계 창조건축
시공 GS건설

위치 경기도 하남시 미사강변대로 95
완공 2017. 2.
면적 72,755m²

래미안신반포팰리스

조경설계 동심원조경기술사사무소
시공 삼성물산
위치 서울시 서초구 잠원로8길 35

완공 2016. 6.
대지면적 34,873㎡
조경면적 15,621㎡

배곧생명공원

설계 그룹한 어소시에이트
시공 상록건설
발주 시흥시

위치 경기도 시흥시 배곧2로 25
완공 2015. 11.
면적 232,464m²

여의도 샛강생태공원

설계 조경설계 서안
시공 화성산업, 매일종합건설
토목 선진엔지니어링 종합건축사사무소
감리 동일기술공사, 건화

발주 서울시
위치 서울시 영등포구 여의도동 49 일대
완공 1997. 9.(개장) 2010. 5.(재개장)
면적 758,000m²(총연장 4.6km, 폭 130m)

경주힐튼호텔

건축설계 엄웅, 김종성(서울건축종합건축사사무소)
조경설계 이교원 조경연구소
시공 대우건설
위치 경상북도 경주시 보문로 484-7
완공 1991. 5.

대지면적 61,990m²
건축면적 8,199.6m²
연면적 35,153.1m²
조경면적 27,176m²

국채보상운동기념공원

설계 대아종합기술회사
시공 대구도시공사
발주 대구시

위치 대구시 중구 국채보상로 670
완공 1999. 12.
면적 42,509m²

CJ 블로썸 파크

조경설계 오피스박김
건축설계 Yazdani Studio of CannonDesign(개념 및 기본설계), 희림건축(실시설계)
조경시공 정한조경
건축시공 CJ건설

발주 CJ제일제당
위치 경기도 수원시 팔달구 우만동
개관 2016. 5.
면적 35,319.5m²

울산대공원

설계 오이코스, SK건설, 동심원조경기술사사무소
시공 SK건설
시행 SK, 울산시
위치 울산시 남구 대공원로 94

개장 2002. 4.(1차) 2006. 4.(2차)
총면적 3,653,285m²
시설면적 850,162m²(1차 개장 462,812m², 2차 개장 387,350m²)

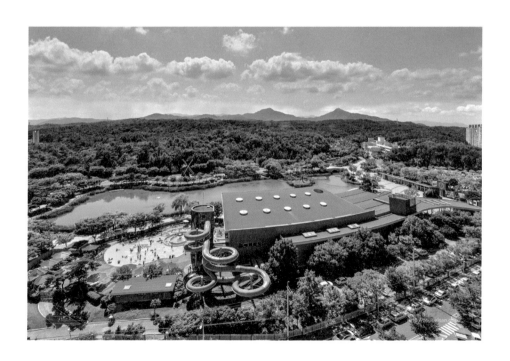

세종중앙공원

기본설계 동부엔지니어링, 조경설계해인
실시설계 동부엔지니어링, 한국종합기술,
동일기술공사
건축설계 기경건축사사무소
시공 시티건설, 신한, 우경건설, 한국기술개발,
용천종합건설

감리 한국종합기술, 한국건설관리공사,
선진엔지니어링종합건축사사무소
사업주체 행정중심복합도시건설청, LH 한국토지주택공사
위치 세종시 연기면 세종리 114-319답 일원
완공 2020. 4.(1단계)
면적 1,389,243m²(1단계 520,357m², 2단계 868,892m²)

국립아시아문화전당

건축설계 KyuSungWoo Architects,
삼우종합건축사사무소, 희림종합건축사사무소
조경기본설계 MVVA(Michael Van Valkenburgh
Associates), 조경설계 서안
조경실시설계 조경설계 서안, MVVA, 씨엔조경
발주 문화체육관광부

위치 광주시 동구 문화전당로 38
개관 2015. 11.
대지면적 96,036.00m²
건축면적 20,938.67m²
연면적 139,178.87m²
조경면적 15,091.79m²

1부

키워드로 읽는 한국 조경설계와 이론

029쪽: 『환경과조경』 2005년 1월호

031쪽: 『환경과조경』 2005년 1월호

033쪽: 유청오

040쪽: West 8+이로재 외

043쪽: 오피스박김

044쪽: 유청오

045쪽: CA조경+유신+선인터라인건축+김영민

설계공모의 진화와 조경의 성장

052쪽: 한우드엔지니어링

053쪽: 동심원조경+대우엔지니어링+조경진

055쪽: 노선주

057쪽(상): 신화컨설팅

057쪽(중): 씨토포스+정림건축+건화

057쪽(하): 가원조경

060쪽: West 8+이로재 외

064쪽: 디자인 스튜디오 loci

066쪽: 김진우, 엄태석, 서혁, 변준식, 임성민

살아있는 과거, 전통의 재현

074쪽: 1992년 IFLA 조직위원회

075쪽: 국토교통부 용산공원조성추진기획단,
『용산공원 국제공모 당선 조성계획안 요약본』, 2020

077쪽: 『환경과조경』 1997년 7월호

079쪽: 오피스박김

080쪽(상): 김종오

080쪽(하): 김종오

081쪽(좌): 『환경과조경』 2005년 1월호

081쪽(우): 유청오

한국 조경과 식물의 어긋난 관계

087쪽(상): 유청오

087쪽(하): 유청오

089쪽: 서울역사아카이브

090쪽: Lena Lange

095쪽: 국가기록원

099쪽: buxhoeveden

100쪽: 김민경

101쪽: 고정희

105쪽: 『환경과조경』 2005년 1월호

107쪽: ©LigaDue/viaWikimedia
commons(https://de.wikipedia.org/wiki/
Geschlechterturm#/media/Datei:SanGimignano
Panorama7.jpg)

108쪽: 유청오

2부

한국 조경의 시대성과 정체성

115쪽(상): 이규헌 해설, 『사진으로 보는 근대한국 상: 산하와 풍물』, 서문당, 1986

115쪽(하): 서울역사아카이브

116쪽: 국립중앙박물관 편, 『국립중앙박물관소장 유리건판 1 궁궐』, GNA 커뮤니케이션, 2007

117쪽: 서울역사아카이브

120쪽: 한국조경학회 편, 『현대한국조경작품집: 1963-1992』, 도서출판 조경, 1992

123쪽: 한국조경학회 편, 『현대한국조경작품집: 1963-1992』, 도서출판 조경, 1992

124쪽(상): 『환경과조경』 2005년 1월호

124쪽(하): 『환경과조경』 2005년 1월호

125쪽: 한국조경학회 편, 『현대한국조경작품집: 1963-1992』, 도서출판 조경, 1992

127쪽: 한국조경학회 편, 『현대한국조경작품집: 1963-1992』, 도서출판 조경, 1992

128쪽: 최정민

129쪽: 최정민

130쪽: 최정민

개발 시대의 조경, 그 결정적 순간들

140쪽: 서울연구원

141쪽: 서울연구원

143쪽: 서울연구원

144쪽: 서울연구원

147쪽: 서울기록원, 『서울기록원 개관기념전: 기억의 힘』, 2019(자료소장처: 서울기록원)

148쪽: 서울연구원

151쪽: 『환경과조경』 2013년 11월호

도시의 자연, 생태공원

157쪽: 김아연

164쪽(상): 김아연

164쪽(하): 조경설계 서안

168쪽: 유청오

회복의 경관, 도시의 선형 공원

176쪽: 강남구청

177쪽: ©travel oriented/flickr(https://flic.kr/p/fqkGAo)

182쪽: ©Johnathan21/shutterstock(https://www.shutterstock.com/image-photo/seoul-korea-june-20-2015-summer-1934350931)

183쪽(상): 유청오

183쪽(하): 유청오

184쪽: 유청오

이전적지에서 공원으로

188쪽: 서울시설공단(http://www.sisul.or.kr)

190쪽: 서울시 동부공원녹지사업소

191쪽: 서영애

192쪽: 서영애

193쪽: 서영애

194쪽: 서울시 서부공원녹지사업소

195쪽: 서울기록원

상품성과 공공성, 아파트 조경의 모순과 미래

202쪽: 유청오

208쪽: 유청오

211쪽: 대림산업, CA조경

212쪽: 대림산업, CA조경

314쪽: 유청오

315쪽: ⓒJDMatt/shutterstock(https://
www.shutterstock.com/image-
photo/goyang-south-korea-
august-23-2020-1809998653)

316쪽: ⓒJohnathan21/shutterstock(https://
www.shutterstock.com/image-
photo/seoulkorea-may-14-2008-yeouido-
area-1392923177)

317쪽: ⓒHaobo Wang/shutterstock(https://
www.shutterstock.com/image-photo/
beautiful-scene-yeouido-island-hangang-
river-722846269)

318쪽: 서울연구원

319쪽: 한국조경학회 편, 『현대한국조경작품집:
1963-1992』, 도서출판 조경, 1992

320쪽: ⓒStock for you/shutterstock(https://
www.shutterstock.com/image-photo/
childrens-grand-park-gwangjingu-seoul-
south-1850123344)

321쪽: 『환경과조경』 2009년 7월호

322쪽: 경기주택도시공사

323쪽: 유청오

324쪽: 한국수목원관리원

325쪽: 『환경과조경』 2005년 1월호

326쪽: 유청오

327쪽: 삼성물산

328쪽: 이영근

329쪽: ⓒtravel oriented/flickr(https://flic.kr/p/
fqkGAo)

330쪽: 이교원

331쪽: 대구시

332쪽: 오피스박김

333쪽: 울산시

334쪽: 유청오

335쪽: 유청오

지은이들

엮은이

한국조경학회 한국조경50 편집위원회
조경진 편집고문
배정한 편집위원장
김아연 남기준 박희성 편집위원
임한솔 편집간사

글쓴이

고정희
써드스페이스 베를린 대표, 독일 칼푀르스터 재단
이사회장
서울대 농과대학을 졸업하고 베를린 공과대학
환경조경학과에서 석사와 박사학위를 받았다.
조경설계와 환경생태계획 실무 경력을 쌓는 한편
정원과 조경의 역사에 심취하여 『고정희의 독일조경
이야기』, 『바로크정원 이야기』, 『신의 정원, 나의 천국:
중세정원 이야기』, 『100장면으로 읽는 조경의 역사』
등을 집필했다. 한국 조경과 식물의 관계 극복에 도움이
되고자 '식물적용학' 온라인 강좌를 진행하고 있다.

김아연
서울시립대학교 조경학과 교수, 스튜디오 테라 대표
서울대 조경학과와 동 대학원, 미국 버지니아대
건축대학원 조경학과를 졸업했다. 다양한
유형의 조경설계 실무와 전시 기획, 설계 방법론
연구, 설계 교육의 중간 영역에서 활동한다.
야호맘껏숲생태놀이터, 서귀포 주상절리대 경관,
전주 맘껏숲&하우스, 래미안 네이처갤러리, 덕수궁
프로젝트 '가든카펫', 베니스 건축비엔날레 한국관
설치작 '블랙메도우', 녹사평역 공공미술 '숲 갤러리'
등을 디자인했다.

김연금

조경작업소 울 소장

서울시립대 조경학과에서 학사, 석사, 박사학위를
받았다. 방법으로는 커뮤니티 디자인을, 내용으로는
장애인, 어린이 등 사회적 약자와 더불어 사는 세상을
지향한다. 단독 저서로 『소통으로 장소 만들기』,
『우연한 풍경은 없다』, 『놀이, 놀이터, 놀이도시』를
냈다. 골목길, 놀이터, 마을 등 일상 공간을 그곳에
사는 사람들과 함께 바꾸고 가꾸는 프로젝트에 주로
참여하고 있다.

김영민

서울시립대학교 조경학과 교수

서울대학교에서 조경학과 건축학을 전공하고 하버드대
디자인대학원에서 조경학 석사학위를 받았다.
SWA에서 조경가와 도시설계가로 활동했고, 최근에는
바이런의 파트너 조경가로 활동하며 세종상징광장,
새 광화문광장, 파리공원 재설계 등 다양한 스케일의
프로젝트를 이끌고 있다. 『랜드스케이프 어바니즘』을
번역했으며, 『스튜디오 201, 다르게 디자인하기』를
비롯한 다수의 책을 펴냈다.

김정은

『SPACE』 편집장

성균관대 건축학과를 졸업하고 서울대 환경대학원
환경조경학과에서 '한강로'와 '유원지'에 관한
논문으로 석·박사 학위를 받았다. 『건축인(POAR)』,
『SPACE(공간)』, 『건축리포트 와이드(WIDE AR)』,
『환경과조경(laK)』에서 기자로 활동했다. 공역서로
『정원을 말하다: 인간의 조건에 대한 탐구』가 있으며,
건축·도시·조경의 경계를 넘나들며 '지금 여기'의 건축
문화를 기록하고 있다.

김한배

서울시립대학교 조경학과 명예교수

서울시립대에서 조경학 학사와 박사, 서울대
환경대학원에서 조경학 석사를 받았다.
대구대(1986~2002)와 서울시립대(2002~2021)에서
조경계획·설계, 현대조경론, 경관이론을 가르치고
연구했다. 『미술로 본 조경, 조경으로 본 도시』와 『우리
도시의 얼굴 찾기』를 홀로, 『보이지 않는 용산, 보이는
용산』 등을 함께 지었다. "낭만주의 도시경관 담론의
계보"와 "혼성적 환경설계의 기원과 전개"를 비롯해
다수의 논문을 발표했다.

남기준

『환경과조경』 편집장

국민대에서 국어국문학 학사와 석사를 받았다. 월간
『환경과조경』 편집장으로 일하고 있고, 도서출판 조경,
도서출판 한숲, 나무도시 출판사에서 150여 권의
단행본을 편집했다. 『텍스트로 만나는 조경』, 『공원을
읽다』, 『용산공원』 등의 책에 공저자로 참여했다. 조경,
정원, 식물, 도시의 매력을 부각시킬 수 있는 이야기
생산에 관심을 갖고 있다.

박승진

디자인스튜디오 loci 대표소장, 한국예술종합학교
겸임교수

성균관대 조경학과를 졸업하고 서울대 환경대학원에서
조경학 석사를 받았다. 서울대 환경계획연구소를
거쳐 조경설계사무소 서안에서 오랫동안 설계
실무를 경험했다. 워커힐호텔, 서울아산병원, 풀무원
물의 정원, 아모레퍼시픽 본사 사옥, 통의동 브릭웰
정원 등을 설계했다. 『Documetation』과 『박승진
텍스트_북』을 펴냈으며, 한국예술종합학교에서 조경학
관련 수업을 맡고 있다.

박희성

서울시립대학교 서울학연구소 연구교수, 서울대학교
강사

대구가톨릭대 조경학과를 졸업하고 서울대에서
석사, 박사학위를 받았다. 『원림, 경계 없는
자연』을 출간했고, 『공원을 읽다』, 『용산공원』,
『한국의 수도성 연구』 등의 집필에 참여했다.
국제기념물유적협의회(ICOMOS)와 도시경관연구회
BoLA에서 활동하면서, 한편으로는 세계유산의 정책과
보존관리를, 다른 한편으로는 동아시아 문명과 전통,
근대로의 전이와 발전을 조경학의 시선으로 바라보며
현대 조경의 근원과 맥락을 살피고 있다.

배정한

서울대학교 조경·지역시스템공학부 교수,
『환경과조경』 편집주간

서울대 조경학과를 졸업하고 같은 학과 대학원에서
석사, 박사학위를 받았다. 『현대 조경설계의
이론과 쟁점』과 『조경의 시대, 조경을 넘어』를 쓰고
『경관이 만드는 도시』와 『라지 파크』를 번역했으며,
『서울도시계획사』, 『건축·도시·조경의 지식 지형』,
『공원을 읽다』 등 여러 책의 집필과 편집에 참여했다.
조경설계, 미학, 비평을 가로지르는 이론적 기획을
펼쳤고, 오랫동안 용산공원 프로젝트에 참여하며
이론과 실천의 접면을 넓히고 있다.

서영애

기술사사무소 이수 소장, 연세대학교 건축공학과
겸임교수

서울시립대 조경학과 학부와 대학원을 졸업하고
서울대에서 '역사도시경관으로서 서울 남산'으로
박사학위를 받았다. 조경설계를 주 업무로 하며 부설
연구소와 도시경관연구회 BoLA에서 연구 활동을 하고
있다. 저서로 『시네마스케이프』, 공저로 『이어 쓰는
조경학개론』, 『정원도시』, 『도시의 미래, 포스트코로나
도시가 바뀐다』 등이 있다. 역사경관, 정원도시,
아카이브에 관심을 두고 있으며, 도시와 비도시
공간전략계획으로 초점을 확장하고 있다.

이명준

한경대학교 식물자원조경학부 조경학전공 교수

서울대 조경학과 학부와 대학원을 졸업하고 '조경
드로잉의 역사와 디지털 재현의 '포토-페이크'에
대한 비평'으로 박사학위를 받았다. 조경 디자인의
이론과 역사, 문화 경관, 비평과 교육, 도시 재생과
스마트 도시에 두루 관심을 두고 있다. 『그리는,
조경』을 지었으며, '대안적 조경 교육 커리큘럼 개발
연구'(한국연구재단)를 진행하고 있다.

이유직

부산대학교 조경학과 교수

서울대 조경학과를 졸업하고 같은 학과 대학원에서
석사와 박사학위를 받았다. 조경 역사와 이론,
농촌 조경과 마을 만들기 분야를 가르치고
연구하며 현장에서 활동하고 있다. 경남 거창읍
농촌중심지활성화사업 PM단장, 국가균형발전위원회
전문위원 등을 지냈고 국가중요농업유산 자문위원장을
맡고 있다.

임한솔

서울대학교 환경계획연구소 박사후연구원, 한양대학교
건축학과 겸임교수

서울대 조경학과와 한양대학교 대학원 건축학과에서
공부했고 서울대 대학원에서 '조선시대 감영 원림
연구'로 박사학위를 받았다. 조경, 건축, 역사에 관심을
두고 설계와 이론, 도시와 자연, 과거와 현재의 경계를
다르게 보고자 한다. 용산공원과 광화문광장에
관한 다수의 연구 프로젝트에 참여했으며, 동료들과
온오프라인 매거진 『유엘씨(ULC)』를 만들고 있다.

조경진

서울대학교 환경대학원 환경조경학과 교수,
한국조경학회 회장

서울대 조경학과에 학사와 석사, 펜실베니아대에서
박사학위를 받았다. 서울숲 설계에 참여했고
서울식물원 총괄계획가로 일했다. 도시와 문화예술의
경계에서 조경의 영역을 확장하는 데 관심을
가지고 있다. 리얼디엠지프로젝트 해외 순회전과
광주디자인비엔날레 참여작가이며, 그밖에 DMZ
관련 다수의 전시 기획에 참했다. 『정원을 말하다』를
번역했고, 『오픈 스페이스로부터 도시만들기』(일어),
『정원도시, 사람과 지구를 생각하는 생태문명으로의
전환』 등의 집필과 편집에 참여했다.

최영준

서울대학교 조경·지역시스템공학부 교수

서울대 조경학과를 졸업하고 펜실베이니아대
설계대학원에서 석사학위를 받았으며, SWA에서
다년간 조경설계 실무를 경험했다. 랩디에이치(Lab
D+H)를 로스앤젤레스에서 공동 설립한 뒤 한국과
중국의 여러 도시에 공공과 민간을 아우르는 크고
작은 오픈스페이스들을 만들어왔다. 『공원을 읽다』,
『용산공원』 등을 함께 썼고, 한강변 보행네트워크,
상하이 믹시몰과 공원, 타임워크명동 공유정원 등을
설계했다.

최정민

순천대학교 조경학과 교수

서울시립대 조경학과를 졸업하고 동 대학원에서
석사와 박사학위를 받았다. 설계 실무를 하면서 설계
이론과 실천 사이의 간극을 좁히는 데 관심을 가졌고,
비평을 통해 조경 담론을 다양화하는 시도를 펼쳤다.
현대 조경설계에서 지역성 구현 전략에 초점을 두고
연구하며 집필 활동을 했다. 설계 스튜디오 수업을
통해 학생들과 고민을 공유하면서 조경의 미래에 대해
생각하고 있다.